「十二五」国家重点图书出版规划项目

中国建筑的魅力

匠人营国
中国古代建筑史话

王贵祥 著

中国建筑工业出版社

"中国建筑的魅力"系列图书

总编委会

主　任

沈元勤　张兴野

委　员

（按姓氏笔画为序）

王志芳　王伯扬　王明贤　王贵祥　王莉慧　王海松
王富海　石　楠　曲长虹　刘　捷　孙大章　孙立波
李先逵　邵　甬　李海清　李　敏　邹德侬　汪晓茜
张百平　张　松　张惠珍　陈　薇　俞孔坚　徐　纺
钱征寒　海　洋　戚琳琳　董苏华　楼庆西　薛林平

总策划

张惠珍

执行策划

张惠珍　戚琳琳　董苏华　徐　纺

《匠人营国——中国古代建筑史话》
作者：王贵祥

目 录

引 言

第一章　周礼秦制百代承

3　　第一节　周礼王城与宫殿
5　　第二节　秦咸阳宫与万里长城

第二章　黍离悲怆叹汉宫

9　　第一节　两汉都城及其宫殿
10　　第二节　汉代明器、画像石与画像砖
12　　第三节　汉阙与武梁祠
15　　第四节　汉代的高台建筑

第三章　南朝楼台北朝塔

19　　第一节　南朝建康城与北魏洛阳城
22　　第二节　云冈石窟
25　　第三节　登封嵩岳寺塔
28　　第四节　历城神通寺四门塔

第四章　唐殿辽阁古风雄

33　　第一节　隋唐两京的城市及宫殿
37　　第二节　南禅寺大殿
39　　第三节　五台山佛光寺东大殿
42　　第四节　正定开元寺钟楼
44　　第五节　蓟县独乐寺观音阁与山门
47　　第六节　大同上、下华严寺
50　　第七节　义县奉国寺大殿
52　　第八节　涞源阁院寺文殊殿
54　　第九节　应县佛宫寺释迦塔
57　　第十节　北京天宁寺塔

第五章　汴京繁华杭京梦

63　　第一节　北宋汴梁城及祐国寺铁塔
66　　第二节　金明池夺标图
67　　第三节　杭州灵隐寺双石塔、闸口白塔
69　　第四节　正定隆兴寺摩尼殿等
71　　第五节　隆兴寺转轮藏殿与慈氏阁
73　　第六节　定州开元寺料敌塔
76　　第七节　太原晋祠圣母殿与献殿
77　　第八节　少林寺初祖庵
79　　第九节　平遥镇国寺大殿、福州华林寺大殿与宁波保国寺大殿
82　　第十节　苏州玄妙观三清殿

第六章　金都寺观元都城

87　　第一节　金中都及岩山寺中的宫殿图
89　　第二节　山西大同善化寺三圣殿与普贤阁
91　　第三节　山西五台佛光寺文殊殿
93　　第四节　山西朔州崇福寺弥陀殿

95　　第五节　　正定广慧寺华塔

98　　第六节　　元大都及其宫殿建筑

102　　第七节　　北京妙应寺白塔

104　　第八节　　曲阳北岳庙德宁殿

107　　第九节　　北京居庸关云台

109　　第十节　　山西芮城永乐宫

第七章　大明天子金銮殿

113　　第一节　　明代北京城

116　　第二节　　武当山道教宫观

119　　第三节　　十三陵长陵裬恩殿

121　　第四节　　西安钟楼与聊城光岳楼

123　　第五节　　北京智化寺与法海寺

125　　第六节　　青海瞿昙寺

128　　第七节　　明清江南私家园林

131　　第八节　　山西洪洞县广胜上寺飞虹塔

134　　第九节　　山西运城万荣东岳庙飞云楼

136　　第十节　　岱庙天贶殿与西岳庙灏灵殿

第八章　康乾宫苑阙九重

141　　第一节　　北京紫禁城

143　　第二节　　北京天坛

145　　第三节　　北京颐和园

148　　第四节　　承德避暑山庄

150　　第五节　　承德外八庙建筑

152　　第六节　　曲阜孔庙大成殿与奎文阁

155　　第七节　　清代皇家陵寝建筑

158　　第八节　　北京清代王府及私家园林

159　　第九节　　河南社旗县山陕会馆

161　　第十节　　徽州清代民居西递与宏村

第九章　史海觅珠拾遗珍

165　第一节　秦咸阳阿房宫前殿
167　第二节　汉长安未央宫与长乐宫前殿
170　第三节　汉柏梁台与井干楼
171　第四节　曹魏洛阳陵云台
174　第五节　北魏洛阳永宁寺塔
177　第六节　南朝梁建康宫太极殿
179　第七节　隋大兴禅定寺塔（唐长安庄严寺塔）
182　第八节　隋洛阳乾阳殿与唐洛阳乾元殿
185　第九节　唐长安大兴善寺大殿
187　第十节　唐长安大兴善寺文殊阁
189　第十一节　唐五台山金阁寺金阁
191　第十二节　唐总章二年诏建明堂
195　第十三节　唐长安大明宫含元殿
197　第十四节　唐长安大明宫麟德殿
199　第十五节　唐洛阳武则天明堂
203　第十六节　元上都正殿大安阁
207　第十七节　元大都大内正殿大明殿
209　第十八节　元大德曲阜孔庙大成殿
212　第十九节　开封相国寺明代大殿
215　第二十节　普陀山明代护国永寿普陀禅寺

219　结语

220　图片来源

223　索引

227　跋

引　言

从有宫殿遗址发现的早商时代算起，中国建筑已有3500多年的历史，而见于古代文献中的建筑，如黄帝"合宫"，则可以追溯到中华民族起源时代。古代中国人在建筑理念上的一些基本原则，如《尚书·禹贡》中提出的"正德、利用、厚生，惟和"思想，甚至影响中国建筑数千年之久。

从制度性层面讲，中国建筑体系的确立，始于春秋战国时代。这一时期出现的《周礼·考工记》，对城市与宫殿提出了一些影响数千年的规则。城池、宫苑与台榭的建造活动，开始于战国时代，秦、汉是大规模宫殿、苑囿与陵寝蓬勃兴起的时代，这一时期的住宅与私家园林也得到一定发展。魏晋南北朝，城市进入一个创造性发展时期，出现曹魏邺城、南朝建康、北魏洛阳等一些经过缜密规划的大都市。随着佛教的迅速传播，寺塔与石窟在这一时期也得到高度发展。

隋唐两京的规划与建设，成为中古建筑史上的两朵奇葩，两京城内宏伟的宫殿，栉比鳞次的佛寺、道观，成为最重要的城市景观。尚存唐代南禅寺与佛光寺大殿，为我们保留了至为珍贵的唐代木构殿堂实例。

如果说辽代建筑，更多承袭唐代质朴雄大的古拙之风，两宋建筑在继承唐代建筑基础上，更趋于成熟与缜密，并且渐渐凸现具有江左地区审美意趣的柔曲、繁缛与华美的艺术好尚。金代建筑既承续了宋代的柔美与繁细，又开创了独具特征的放浪与不拘一格。元代是一个在技术与艺术上兼容并蓄的时代，大都宫殿的辉煌与壮丽，堪称当时世界之最；元代木构建筑，则体现承上启下的时代风格。

明代是一个向唐宋文化传统回归的时代，大规模城市与宫殿建造，及与唐宋文化相衔接的衙署、孔庙、儒学、祠庙、坛壝、寺观等建筑传统，一直影响到清末。有清一代，因袭明代基础，在官式建筑技术与艺术上更加纯熟而程式化，细部风格更趋于华丽、烦琐与工细。随明清两代的经济发展及地方风格衍生，又将这种烦琐、细密风格推向极致，从而加大了明清建筑的地域性差别。

明清地方建筑，既有端庄的北京四合院，清秀的苏州园林，恬淡的徽式住宅，也有雕梁刻栋的江浙祠堂，华丽繁缛的闽南庙观，简洁素雅的岭南民居，轻盈简率的巴蜀堂阁，风格多样的滇、湘、黔和藏、蒙、新疆地方建筑，从而使明清建筑，在艺术好尚上，既保持北方官式建筑严格、细致的程式与规则，也呈现琳琅满目，百式杂陈的地域化、多样化特征。

数千年建筑的千姿百态，一本小书无论如何也不可能做到全面、周详，充其量也不过是对汉地重要历史建筑浮光掠影式的概览。为使读者对中国古代建筑发展有一个较为完整的了解，本书按照时代大致线索架构，同时兼顾建筑风格上的传承与沿袭，如辽人更多承续唐代建筑古朴雄健风格，金人则沿袭宋代建筑的细密与繁缛，元承宋金而兼容外来文化，明虽欲从制度层面回归唐宋，但在技术与艺术上，却上承元而下启清。

为了便于理解、记忆，我们借用古代七律诗格式，为中国建筑史，描绘出一个大致轮廓，这首诗也构成本书章节架构。尽管这些拙句描绘的历史线条过于粗略，但也大略表达出笔者对中国建筑发展的历史认知：

周礼秦制百代承，黍离悲怆叹汉宫；南

朝楼台北朝塔，唐殿辽阁古风雄。汴京繁华杭京梦，金都寺观元都城；大明天子金銮殿，康乾宫苑阙九重。

此外，除了那些尚存的重要历史遗构之外，在中国历史上，还曾经建造过许多震铄古今的杰材伟构，可惜，这些伟大的历史建筑，已经随着岁月的流逝而烟消云散，只能见之于史料中的点滴记载，或遗址上的考古发掘。由于中国古代建筑的主流是木结构建筑物，而木构建筑本来就难以保存长久，越是重要的建筑，越容易受到历史变迁的影响或历史灾难的波及。也就是说，现已不存的许多古代建筑实例，其实是历史上最为重要建筑成就的真实体现，因而，若我们花一点时间，到史海中巡游一番，或能够在欣赏现存古建筑遗存的基础之上，再对中华民族历史上曾经创造过、存在过、辉煌过的伟大建筑作匆匆一瞥。故而，我们将史料中所见重要建筑独辟一章："史海觅珠拾遗珍"，以聊补读者们在这方面的缺憾。

下面先让我们循着上面那首拙诗的时序，开始这场对中国古代建筑浏览与观赏的匆匆之旅。

第一章
周礼秦制百代承

第一节　周礼王城与宫殿

第二节　秦咸阳宫与万里长城

中华文化肇始于上古三代。夏代距离我们过于久远，文化遗迹多已湮没，商代遗存虽较丰富，由于周武革命对文化的重塑，使周文化在中国历史上具有奠基意义。延续800年的周王朝，在春秋时代走入分崩离析，但政治分裂并没有阻滞文化繁荣，礼崩乐坏的春秋时代，正是中国文化大智慧得以迸发的黄金时代。这一时期，一些伟大哲人，如老子、孔子、墨子、管子、庄子等，纷纷登上历史舞台。跟从其后的，还有荀子、孟子、韩非子等影响中国数千年的伟大人物。

秦王朝的崛起，及其一统六合，成为中国历史上划时代的伟大事件，雄才大略的秦始皇，采取了一系列旷古未有的改革措施，诸如"书同文，车同轨"，以及改分封为郡县等做法，从根本上将上古三代分裂、松散的政治与文化格局加以整合与重塑。秦以后2000多年历史，是周、秦文化博弈与延续的历史。以孔子为代表的儒家文化，自诩周文化的继承者，主张"君君、臣臣、父父、子子"等级性礼乐制度，而秦代以来的中央帝国与地方利益相互依存与相互博弈的政治格局，也使中央集权式国家体制，得以延续。一部中国建筑史正是在这样一个连续而丰富的历史与文化背景下演绎与发展。

第一节　周礼王城与宫殿

周代建造了两座都城，每座又分为两个城池。一是西周首都，丰城与镐城，位于今陕西西安附近（图1-1-1）。另一是东周首都，王城与成周城，位于今洛阳附近（图1-1-2）。专为天子与贵族

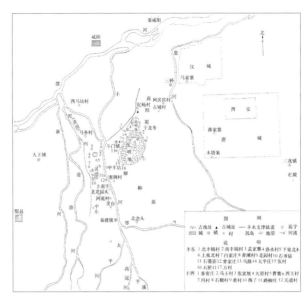

图1-1-1　西周丰城与镐城位置图

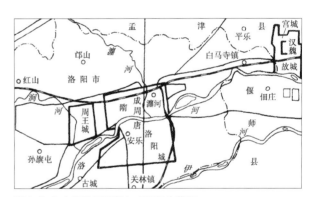

图1-1-2　东周洛阳王城与成周城位置图

居住的部分，称为"城"；为臣民及商业和手工业者居住部分，称为"郭"，反映了周代"建城以卫君，筑郭以守民"的城市思想。春秋时代地方诸侯也采取了这种城、郭并立的城市格局，统治者居住的城与平民及手工业者居住的郭紧密毗邻。统治者的"城"中有高大的台榭与宫殿。遗迹尚存的燕下都（图1-1-3）、齐临淄（图1-1-4）就是这种类型的诸侯王城。

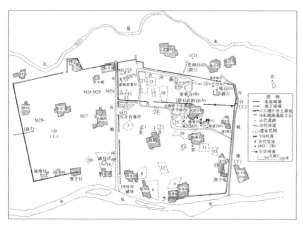

图 1-1-3 燕下都平面图

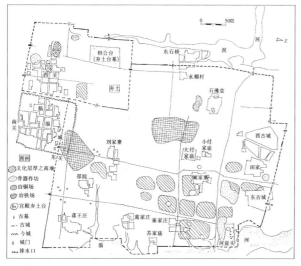

图 1-1-4 齐临淄平面图

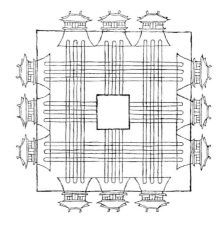

图 1-1-5 周礼王城图

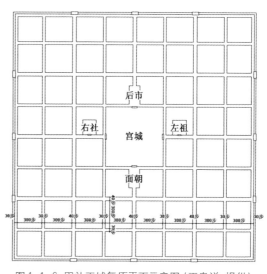

图 1-1-6 周礼王城复原平面示意图（王贵祥 提供）

　　春秋时萌生了一些早期城市规划思想，其中最典型者是《周礼·考工记》中的王城规划思想，即：一座王城应有9里见方的规模，城中道路应该分划为九纵九横的网格，道路宽度，应能同时并行9辆马车。城中心是王宫，王宫之后是进行交易的市场。王宫两侧左右对称布置祭祀祖先与社稷的祠庙（图1-1-5，图1-1-6）。

　　周代都城规制中还规定，天子之城方12里，王之城方9里，公之城方7里，侯、伯之城方5里，子、男之城方3里的说法。这种城市等级制度一直延续到明清两代从京师到府、州、县、镇等不同等级城市中。春秋时的管子还提出一种与《周礼·考工记》截然相反的城市规划思想："凡立城郭者，非于大山之下，必于广川之上，城郭

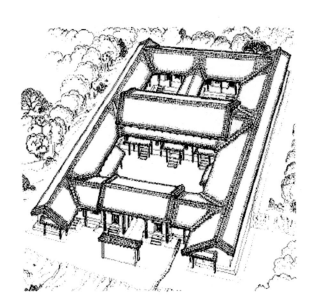

图1-1-7 周原四合院建筑遗址复原图（傅熹年 提供）

不必中规矩，道路不必中准绳。"

周代天子宫殿已有"前朝后寝"、"三朝五门"等制度，前为天子召见群臣，商议国事，举行朝会之地，后为天子及后宫嫔妃生活起居之所。前朝又分为外、中、内三朝。外朝之外有五道宫门，分别为皋门、雉门、库门、应门、路门。路门，指"路寝之门"，位于天子正殿路寝之前。周代宫殿门阙制度一直延续到明清北京宫殿。

当代考古发掘还发现一座典型四合院布局的周代建筑遗址。该建筑沿一条中轴线布置，两侧有左右对称的厢房，前有一堵像后世影壁一样的墙（图1-1-7）。这在一定程度上印证了，中国古代建筑基本"四合"式院落空间单元，自周代就已出现。

第二节 秦咸阳宫与万里长城

公元前221年，秦王嬴政完成统一大业，登上"始皇帝"宝座，并开始了统一帝国首都咸阳城的建造。咸阳位于今西安附近，史书上描写的咸阳城是一座"渭水贯都，以象河汉"的大都会，城内宫殿星罗棋布（图1-2-1）。城内主要建筑，是始皇帝的咸阳宫。此外又在咸阳城外的上林苑中建造朝宫，宫中最重要建筑是前殿阿房，文献中记载的这座宫殿，其规模，"上可以坐万人，下可以建五丈旗"，"自殿下直抵南山，表南山之巅以为阙"，"北渡渭，直抵营室。"以南山之巅为其门阙，以北天空营室星为其宫殿正北方向的结束点（图1-2-2）。城市比天象地的气魄十分宏大。咸阳渭河北岸北阪之上，模仿被秦灭亡的六国宫室，建造了一大批居住建筑，用来安置被秦俘掠的六国诸侯。

秦代还开创了大规模皇家苑囿建造之先声，在咸阳城外建造了上林苑，其规模几乎囊括整个关中地区。上林苑中有离宫别馆70余座，其间还以复道相连。现存秦代遗迹，除了阿房宫遗址外，

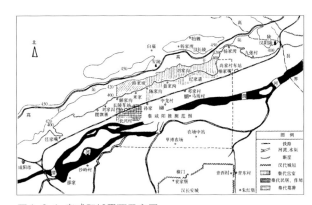

图1-2-1 秦咸阳城平面示意图

图 1-2-2 秦阿房宫前殿遗址

图 1-2-4 秦始皇陵兵马俑

图 1-2-3 骊山秦始皇陵外观 (CFP)

图 1-2-5 秦长城遗址

较为重要的是位于秦皇岛的秦宫殿一号遗址。这是一座远离政治中心的行宫。从这样一座行宫建筑的规模与尺度，我们可以一窥秦代建筑的宏大与雄伟。

骊山秦始皇陵是一座规模宏大的帝王陵寝（图 1-2-3），秦始皇陵陪葬兵马俑的发现，可以使我们联想其陵前地上建筑的宏伟与巨大（图 1-2-4）。秦代另外一个重要建筑成就，就是营造了万里长城（图 1-2-5）。其建造目的是为了阻挡来自漠北匈奴人的入侵。长城东起渤海之滨，西至河西走廊，绵延数千公里。秦代是一个制度创立的时代，秦实行的郡县制，影响中国历史两千年。秦始皇提出了"书同文、车同轨"政策，并且在全国范围内修建了驰道，使统一帝国第一次有了较为完整的交通体系。

第二章
黍离悲怆叹汉宫

第一节　两汉都城及其宫殿

第二节　汉代明器、画像石与画像砖

第三节　汉阙与武梁祠

第四节　汉代的高台建筑

《诗经·国风》中一首名为《黍离》的古诗，说的是"周之大夫行从征役，至于宗周镐京，过历故时宗庙宫室，其地民皆恳耕，尽为禾黍。以先王宫室忽为平田，于是大夫闵伤周室之颠坠覆败，彷徨省视，不忍速去，而作《黍离》之诗以闵之也。"[1]其情其景表达了对西周宗庙宫室尽成黍离的凄婉感叹。

秦王朝国祚短暂，承秦而立的西汉王朝，建立了当时世界上最宏大的汉长安城，根据考古发掘，长安城中的宫殿建筑占据城中大部分面积。东汉王朝，在京师洛阳也建有南、北两宫。后来的三国魏与西晋，也在洛阳城内延续了南北二宫的基本格局。

东汉末年，洛阳再遭重创，汉献帝初平元年（190年），董卓将洛阳宫殿与宗庙毁之一炬。经历了魏晋短暂恢复的洛阳城，再次面临晋末十六国的天下大乱，中原板荡，又一次导致大规模破坏与焚毁。

北魏太和十六年（492年），孝文帝拓跋宏来到破败不堪的洛阳城，巡视汉晋宫殿旧址。睹物思情，咏起这首《黍离》诗，不知不觉中，已是泪流满面。孝文帝所悲所叹，正是对中国建筑基本特征大略形成的先秦、两汉，直至魏晋时期城市、宫殿与宗庙几于泯灭所表露的无限感伤之情。

第一节 两汉都城及其宫殿

西汉都城长安城轮廓线布置成南象南斗，北象北斗的形式，又称斗城（图 2-1-1）。城内以

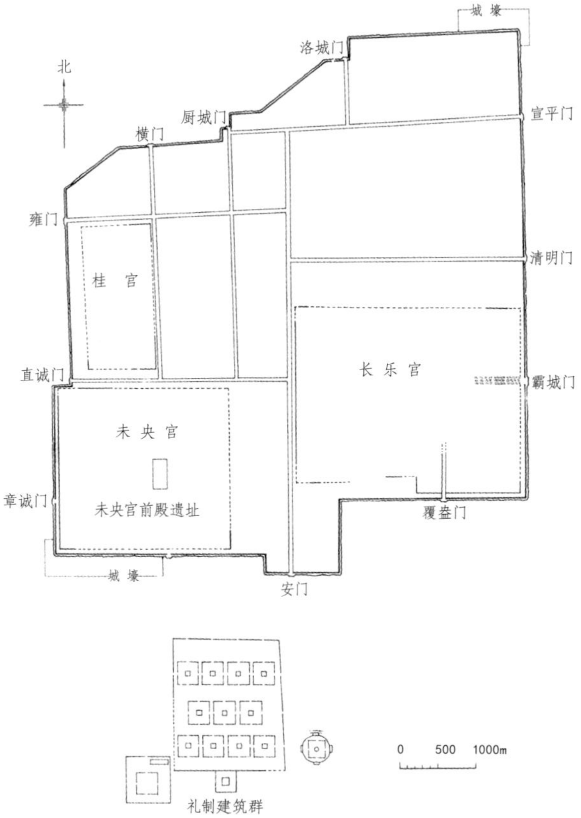

---

1 毛诗正义，卷四（四之一）．王黍离诂训传第六

图 2-1-1 汉长安城平面图

图 2-1-2 内蒙古出土汉代城市街坊壁画

第二章 黍离悲怆叹汉宫 9

宫殿为主，位于城市南部的未央宫与长乐宫，占据几乎二分之一的城市面积。两宫间有一条街道，形成城市的轴线，街道两侧有武库、太仓。未央宫前殿是皇帝大朝之所。宫内有北阙、东阙、凤阙与渐台等建筑。

城内北部是桂宫、北宫，及城市平民居住的里坊。里坊间的街道上有多层市楼（图2-1-2）。汉武帝时，又在长安城外建造了号称"千门万户"的建章宫。未央、长乐与建章三宫的规模十分宏大，每一座宫殿周回长度都在20汉里左右，约相当于一万余汉亩的规模。

东汉都城洛阳有南、北两座宫殿，北宫有12座门，南宫濒临洛水，宫四周分别有朱雀、苍龙、白虎与玄武四座门阙。南宫与北宫距离7里，中间作大屋，两者间有三道复道相连。宫中已有初步的建筑中轴线。宫内有南宫前殿、东宫前殿、章德前殿、德阳前殿、玉堂前殿等。以及南宫宣室殿、嘉德殿、黄龙殿、千秋万岁殿、长秋殿、和欢殿、杨安殿；北宫嘉德殿、德阳殿。另外还有崇德前殿、崇德殿等殿堂建筑。由于东汉洛阳是在东周洛阳旧城基础上发展起来的，宫殿规模受到一定程度限制。

西汉时的晁错，提出了"营邑立城，制里割宅"的城市规划思想。这一思想无论对于两汉城市，还是对于魏晋城市，及后来的北魏、隋、唐城市，都产生了重要影响。自曹魏邺城，北魏洛阳，至隋唐长安，逐渐完善的城市里坊规划格局，就是受到这一思想影响的结果。

第二节　汉代明器、画像石与画像砖

有厚葬习俗的汉代墓葬，多有一些模仿世间生活的陪葬物，如谷仓、厨房、猪栏、屋舍等明器。出土明器中，以东汉时代为多，其中表现的建筑，以单层房屋为主的造型，用两坡屋顶，屋檐下用出挑的悬梁，有如出挑斗栱的原始形式。屋舍外用围墙环绕，墙内还有猪栏、院落（图2-2-1）。楼阁式建筑形式也很多见，有2～3层，甚或4～5层之多，屋顶为两坡或四坡。各层有自己的平坐与屋檐，并有造型各异的早期斗栱（图2-2-2）。

这些明器，可以使我们对汉代建筑有一个大致了解，其屋顶坡度十分平缓，屋面造型朴实，屋脊短而平直，在进深较大情况下，会通过折檐方式增加屋顶跨度，并降低由此产生的屋顶高度。屋檐呈直线，翼角部分无起翘。檐口处只用檐椽，没有飞椽。檐下斗栱朴实、简单，各层平坐出挑不大，平坐栏杆简单素朴，没有多余装饰（图2-2-3）。

图2-2-1 表现农家院落的汉明器

图 2-2-2 汉代楼阁式明器（辛惠园 摄）

汉墓与建筑有关的陪葬物中，还有画像石或画像砖。这些绘制在石或砖上的汉代生活图像，真实记录了汉代生活与建筑情况。这些画像石或画像砖，表现了与建筑有关的多种现象，如建于水边的亭阁，其悬挑的斗栱清晰可见。一些画像石或画像砖还表现了汉代楼阁及阁内空间。

图像中还有一种典型汉代建筑——阙（图2-2-4）。阙一般矗立于建筑群前部，标志出建筑的前导空间。汉代宫殿、陵寝前多有阙的设置。

图 2-2-4 汉画像砖中表现的阙之一（李若水 摄）

图 2-2-3 图绘汉代楼阁式明器示意图

图 2-2-5 汉画像砖中表现的阙之二（李若水 摄）

现存汉代石阙尺度较小，而汉代文献中记载的阙，如汉未央宫前的凤阙，尺度则很高大。从画像石、画像砖中表现的汉阙，可以帮助我们想象汉代宫殿或陵寝前阙的大致形象（图2-2-5）。

出土于四川成都的东汉画像砖，表现一个汉代家庭的建筑与生活空间（图2-2-6）。这是一座有围墙环绕的庭院式住宅，门内一进前院中有家畜与家禽。偏后的主要庭院中，有住宅正房，房内绘制了两位席地而坐的人，应是寒暄中的主人与客人。房为两坡顶，檐下有清晰斗栱形象。画面右侧有两进院落，前院是一个厨房区，院中有水井，厨房中表现了厨案、炉灶等。后院较大，其中可能有园圃、菜地。院中有一座用来观察院外动态的高大望楼，应是出于安全考虑。透过这些画像石、画像砖，可以对汉代建筑，特别是住宅、楼屋、门阙等，有一个基本了解。

第三节　汉阙与武梁祠

现存汉代建筑中，尚有少量石构遗存，如山东武梁祠、嵩山启母阙、少室阙（图2-3-1）、四川高颐阙等（图2-3-2）。从这些汉代石室与石阙屋顶、檐部等造型，可以感觉到与汉代建筑明器在屋顶造型、斗栱细部上的一致性，在一定程度上，使我们确信，汉代明器、墓祠、汉阙，为我们保存了当时建筑的结构、造型与艺术特征（图2-3-3）。

武梁祠位于山东嘉祥武宅村，建于东汉元嘉元年（151年），祠内的石刻画像等作品，表现出某种为墓葬、祭祀而做的实用性目的（图2-3-4，图2-3-5）。从相关碑刻中知道，武梁是东汉时代一位具有归隐思想的文人，拒绝到朝廷做官。祠中保存大量绘画图像资料，如征兆性图像，表

图2-2-6　四川出土东汉画像砖（庭院）

图2-3-1　嵩山少室阙（辛惠园　摄）

图 2-3-2 四川高颐阙

图 2-3-4 武梁祠外观

图 2-3-3 汉阙立面图

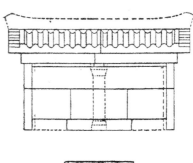

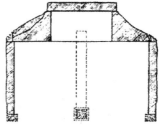

图 2-3-5 武梁祠平面图、立面图

达上天通过祥瑞现象，显示对人间帝王所做好事的褒扬，或表现祠主人及绘画者的某种政治理想，也有某种东汉时代纬学中常见图谶思想的表现。

祠的造型为石筑单开间悬山顶建筑，用了包括两山、前后坡、后墙在内的 5 块石头筑造，祠面阔 2.41 米，进深 1.57 米，高 2.4 米。祠内布满画像，内容包括东王公、西王母，及帝王、先贤、

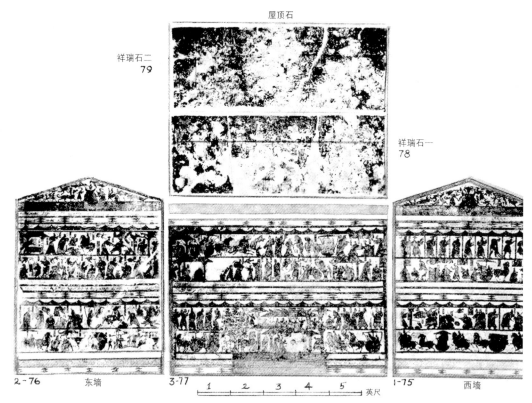

屋顶石

祥瑞石二
79

祥瑞石一
78

2-76　东墙　　　　　3-77　　1　2　3　4　5 英尺　　1-75　西墙

图 2-3-6 武梁祠内图像

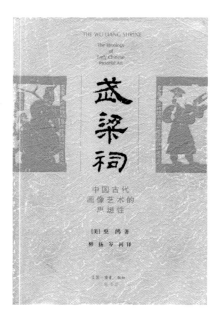

THE WU LIANG SHRINE

The Ideology
of Early Chinese
Pictorial Art

武梁祠

中国古代
画像艺术的
思想性

[美] 巫 鸿 著

柳 扬 岑 河译

图 2-3-7 巫鸿著作封面

孝子、烈女、侠客、义士等造型，以及拜谒、庖厨、车马出行、楼阁等场景。图像采用如宋《营造法式》中"减地平钑"做法，并辅以阴线刻手法刻制（图2-3-6）。

按照当代学者的观点，这些图像具有宇宙图式象征意义，如美国学者巫鸿根据图像在祠堂中所处位置将它们分为三个部分：1）屋顶：上天；2）山墙：神仙世界；3）墙壁：人类历史。这三个部分——屋顶、山墙和墙壁正表现了东汉人心中宇宙的三个有机组成部分——天界、仙界和人间（图 2-3-7）。

因其保存了东汉时代一座坡屋顶悬山建筑，

武梁祠既具有重要建筑史价值，也具有极大艺术史价值。尽管具有艺术家创作特征的中国美术，是在自魏晋开始的文人自我意识觉醒后产生的，但作为一座墓地中的纪念性祠堂，武梁祠仍体现了祠堂设计者与祠内图像绘制者的一些个人观念，及从礼仪性美术向艺术家美术过渡的概念性痕迹。

第四节　汉代的高台建筑

高台建筑最早可以追溯到上古周代，周文王曾建造灵沼、灵囿、灵台。灵台可能是最早的高台建筑，最初可能用来观察天象、预测吉凶。春秋战国时期，"高台榭，美宫室"成为一时风尚，各诸侯国竞相建造高台，如楚国的章华台：楚王登台时，需休息三次才能到达台顶。而这位楚王，甚至还想建造一座"中天之台"。高台除了观测天象、炫耀国力之外，还有观察周围动静的作用。战国时的统治者，通过城内高台，观察远处敌国军事动态及本国百姓活动，以防止外侵与内乱的发生。现存遗迹中，尚有燕下都的老姆台（图2-4-1），可以作为一个证据。现存老姆台是一座高大的土墩，台顶距离地面的高度有近30米。台顶原有大量木构楼观与堂榭，台四周应该是一些防卫性建筑物。

汉代也是一个崇尚高台建筑的时代。西汉未央宫中有渐台，可能是一座逐渐升高的高台。有

图2-4-1　燕下都老姆台遗址（CFP）

图2-4-2　北海公园后山清代所建仙人承露盘（楼庆西　摄）

图 2-4-3 曹魏邺城铜雀园三台遗址 (CFP)

汉一代，最热衷于建造高台的是汉武帝。像秦始皇一样，武帝相信方士之言，追求长生不老之术，他依方士所言，建造了通天台。台顶建造殿堂，供养九天道人，并设置仙人承露盘（图 2-4-2）。按方士说法，用盘中的露水，掺和玉屑饮下，可以长生不老。武帝还曾造柏梁台、井干台。两台高度也十分惊人，《史记》卷十二有载曰："井干楼度五十余丈，辇道相属焉。"《后汉书》卷七十上引汉人诗曰："攀井干而未半，目眴转而意迷。"说的正是这个意思。

汉末三国，统治者建造高台的热情仍然不减当年。曹操定都邺城后，在邺城西北建了铜雀、金虎、冰井三台（图 2-4-3）。后人诗中"东风不与周郎便，铜雀春深锁二乔"，隐喻了铜雀台的高大与坚固。魏明帝在洛阳建立了一座凌云台，史书上有关于这座高台的详细记载。据说这座高台在建造之初，木料是经过仔细称量与权衡的，其结构奇巧，可以随风摇曳。魏明帝登台时感受到这种摇曳感，要求用大木撑扶，结果反而破坏了其结构原有平衡而导致坍塌。

第三章
南朝楼台北朝塔

第一节　南朝建康城与北魏洛阳城

第二节　云冈石窟

第三节　登封嵩岳寺塔

第四节　历城神通寺四门塔

自公元 420 年北魏王朝统一中国北方，南北朝对峙局面初步形成。自三国吴开始经营的建业（建康）城，东晋南渡后更显繁华；北朝则先后经营了北魏洛阳、北齐邺都与北周长安等城市。

南北朝是中国佛教大发展时期，北朝洛阳城中寺塔林立，如胡灵太后建造的永宁寺塔，以其高近 150 米的宏伟中心柱式木结构，创造了木构建筑史上的世界之最与历史之最。北朝还开凿了佛教石窟，如敦煌、云冈、龙门，及响堂山、麦积山、炳灵寺等石窟，都是这一时期开始开凿的。

南朝佛教以义理为主，僧人多隐于江南吴楚之地的秀美山川，在冥思苦想中思考佛教真谛，无论江左、湘楚，还是剡山、匡庐等地区，都渐渐点缀了梵宇佛刹，都城建康更是梵刹林立。佛教初兴的魏晋南北朝，寺院多以佛塔为中心，洛阳永宁寺就是一个典型例子。除了石窟寺中用塔心柱式洞窟彰显这一特征外，尚存南北朝寺院遗迹，亦多见佛塔遗存，如登封嵩岳寺塔、历城神通寺四门塔，都是南北朝佛塔的重要例证。

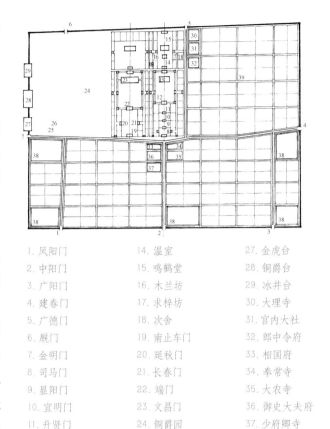

1. 凤阳门	14. 温室	27. 金虎台
2. 中阳门	15. 鸣鹤堂	28. 铜爵台
3. 广阳门	16. 木兰坊	29. 冰井台
4. 建春门	17. 求梓坊	30. 大理寺
5. 广德门	18. 次舍	31. 宫内大社
6. 厩门	19. 南止车门	32. 郎中令府
7. 金明门	20. 延秋门	33. 相国府
8. 司马门	21. 长春门	34. 奉常寺
9. 显阳门	22. 端门	35. 大农寺
10. 宜明门	23. 文昌门	36. 御史大夫府
11. 升贤门	24. 铜爵园	37. 少府卿寺
12. 听政殿门	25. 乘黄厩	38. 军营
13. 听政殿	26. 白藏库	39. 戚里

图 3-1-1 曹魏邺城平面复原示意图

第一节　南朝建康城与北魏洛阳城

三国时曹操所建新都邺城（图 3-1-1），是一座有创造性的全新城市。城内分成南北两部分，北部约占全城三分之一，用来设置宫殿、范围和贵族居住的里坊——戚里。宫殿位于这一区域的中心，恰在城市中轴线北端。宫殿西侧是铜雀园。曹魏三台——铜雀台、金虎台、冰井台就位于铜雀园西侧。南部大约三分之二范围布置了整齐的里坊。里坊被划分为七横八纵的街道网格所分开。

邺城对于后来的北魏洛阳，及隋唐长安与洛阳，都产生了重要影响。

建于 492 年的北魏洛阳（图 3-1-2），是 5 世纪世界上最宏大城市。据《洛阳伽蓝记》所载，洛阳城这座 5 世纪末至 6 世纪初的大都会，东西方向布置了 20 个里坊，南北方向布置了 15 个里坊，去掉没有划分在里坊范围内的庙社、宫殿、府曹，以及用以交易的市，洛阳城内实际布置

1. 津阳门	24. 将作曹	47. 白象坊
2. 宣阳门	25. 九级府	48. 狮子坊
3. 平昌门	26. 太社	49. 金陵馆
4. 开阳门	27. 胡统寺	50. 燕然馆
5. 青阳门	28. 昭玄曹	51. 扶桑馆
6. 东阳门	29. 永宁寺	52. 崦嵫馆
7. 建春门	30. 御史台	53. 慕义里
8. 广莫门	31. 武库	54. 慕化里
9. 大夏门	32. 金墉城	55. 归德里
10. 承明门	33. 洛阳小城	56. 归正里
11. 阊阖门	34. 华林园	57. 阅武场
12. 西阳门	35. 曹魏景阳山	58. 寿丘里
13. 西明门	36. 听讼观	59. 阳渠水
14. 宫城	37. 东宫预留地	60. 穀水
15. 左卫府	38. 司空府	61. 东石桥
16. 司徒府	39. 太仓	62. 七里桥
17. 国子学	40. 太仓署、导官署	63. 长分桥
18. 宗正寺	41. 洛阳大市	64. 伊水
19. 景乐寺	42. 洛阳小市	65. 洛河
20. 太庙	43. 东汉灵台址	66. 东汉明堂址
21. 护军府	44. 东汉辟雍址	67. 圜丘
22. 右卫府	45. 东汉太学址	
23. 太尉府	46. 四通市	

图 3-1-2 北魏洛阳平面复原示意图

了 220 个可供居住的里坊。考古发掘也证实了这一点。皇宫位于城中心，宫城中轴线与城市中轴线大致重合。宫城西北角设有专供防御的金墉城（图 3-1-3）。城内布置了专门用于商业交易的东、西两市，其规模约相当于 4 个坊大小。城南还设置了 4 个坊，称"四夷馆"，用来安置四方来归之人。

建康城是这一时期建造的另外一座大都城，其前身是三国吴的建业城。西晋末衣冠南渡，使大批北方士族与东晋王室逃亡江南，并在建业城旧址上建造了东晋首都建康（图 3-1-4）。城市规划者，是东晋丞相王导，他一扫北方城市规矩

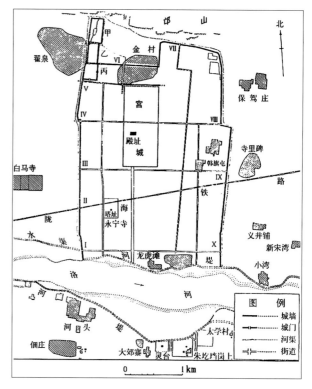

图 3-1-3 北魏洛阳金墉城遗址示意图

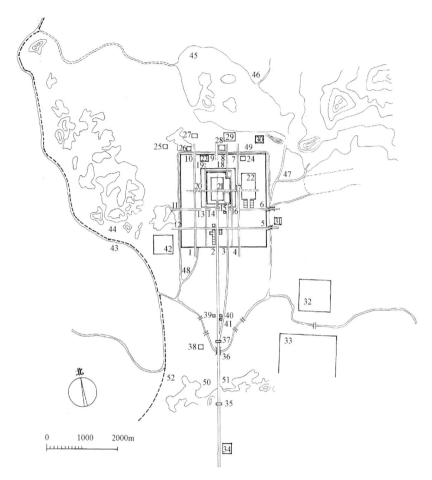

1. 陵阳门	15. 南掖门（晋）、
2. 宣阳门	阊阖门（宋）、
3. 开阳门（宋津阳门）	端门（陈）、天门
4. 新开阳门（448年增）	16. 东掖门（宋、齐）
5. 清明门	17. 东掖门（晋）、
6. 建春门（建阳门）	万春门（宋）、
7. 新广莫门（448年增）	东华门（梁）
8. 平昌门	18. 平昌门（晋）、
（广莫门，448年改承明门）	广莫门（宋）、
9. 玄武门	承明门（宋）
10. 大夏门	19. 大通门（梁增）
11. 西明门	20. 西掖门（晋）、
12. 阊阖门（338年增）	千秋门（宋）、
13. 西掖门（宋、齐）	西华门（梁）
14. 大司马门	21. 台城，宫城

22. 东宫	37. 朱雀门
23. 同泰寺	38. 盐市
24. 苑市	39. 太社
25. 纱市	40. 太庙
26. 北市	41. 国学
27. 归善寺	42. 西州
28. 宣武场	43. 长江故道
29. 乐游苑	44. 石头城
30. 北郊	45. 玄武湖
31. 草市	46. 上林苑
32. 东府	47. 青溪
33. 丹阳郡	48. 运渎
34. 南郊	49. 潮沟
35. 国门	50. 越城
36. 朱爵（雀）航、大航	51. 长干里
	52. 新亭

图 3-1-4 南朝建康城平面示意图

(a) 一期洞窟外观

(b) 二期洞窟外观

图 3-2-1 云冈石窟全景

方正，街道平直开阔特点，将建康城规划为一座迂纡曲折的城市，使人不能对城市街衢一望无余，反映了与北朝城市截然异趣的规划思想。一直作为南朝首都沿用的建康，先后经历东吴、东晋、宋、齐、梁、陈六个王朝，史家称为"六朝古都"。

建康城是公元 4 ~ 6 世纪世界上最繁华的大都市，城中不仅宫殿栉比，楼舍鳞次，而且到处矗立着高大的佛教寺塔楼阁。唐人诗云："南朝四百八十寺，多少楼台烟雨中"，生动描述了这一壮观城市景象。

第二节 云冈石窟

云冈石窟（图 3-2-1）位于大同西郊武周山南麓，由高僧昙曜奉旨始凿于北魏兴安二年（453年）。石窟分东、中、西三部分，尚存主要洞窟 53 个，雕像 51000 余尊，东西绵延 1000 余米。最大佛像高 17 米。东部石窟以中心塔柱式窟为主；中部石窟一般分前、后室，主佛居后室正中，窟四壁及洞顶布满浮雕；西部石窟修建时代稍晚，以中小洞窟及后世补刻小龛为多。

开凿最早的 16 ~ 20 窟，称为"昙曜五窟"。其他主要洞窟，也多完成于太和十八年（494 年）孝文帝迁都洛阳之前。16 窟规模最大，自地面至洞顶高 20 米，窟中央有一平面约 8 米见方的塔心柱，柱顶与洞顶连为一体（图 3-2-2）。20 窟是一尊巨大石雕佛坐像，造型为厚嘴唇、高鼻梁、宽肩膀，鼻梁挺直，似有犍陀罗艺术影响（图 3-2-3）。

众多雕刻中有神态万千的佛、弟子、菩萨、

图 3-2-3 云冈石窟第 20 窟佛像

图 3-2-2 云冈石窟第 16 窟内景（李若水 摄）

图 3-2-4 云冈石窟伎乐天雕刻（李若水 摄）

胁侍、护法诸天、伎乐等人物，及佛塔、佛殿等仿木建筑形象。其中许多刀法娴熟、构图精巧的浮雕，表现了丰富、完整的佛传故事，并穿插精美装饰纹样。此外，还有许多古代乐器，如箜篌、排箫、筚篥、琵琶等雕刻（图 3-2-4）。其中 22 个洞窟中雕有乐器图像，所表现乐器尚存 27 种，500 余件；乐队也有 60 余组。

按开凿时间，石窟分早、中、晚三期，其造像艺术风格也各不相同，如早期"昙曜五窟"表现更多受西域风格影响的浑厚与淳朴感；中期石窟多为精雕细琢、装饰华丽、复杂多变的北魏艺术特征；晚期石窟空间较小，人物形象清瘦雅俊，讲求比例，是北朝造像中"瘦骨清像"艺术特征的滥觞。

石窟窟形也是同时代佛教寺院空间的浓缩与写照。早期塔心柱式石窟，表现北朝早期以塔为中心寺院格局（图 3-2-5）；中晚期前后室式石窟（图 3-2-6），表现稍晚时期较多见的多进院落式寺院空间。研究这些洞窟空间，对了解北魏时期佛寺空间，也有一定参考价值。

(a)

(b)

(c)

图 3-2-5 中心塔柱式窟

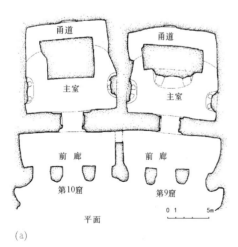

甬道　　　　　甬道

主室　　　　　主室

前廊　　　　前廊

第10窟　　　第9窟

0 1　　5m

平面

(a)

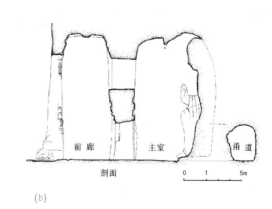

前廊　　主室　　甬道

剖面

0 1　　5m

(b)

图 3-2-6 前后室式窟（平面图、剖面图）

第三节　登封嵩岳寺塔

嵩岳寺位于登封西北嵩山南麓，原为北魏离宫，正光元年 (520 年) 改为"闲居寺"并加以扩建，隋仁寿二年 (601 年) 改称"嵩岳寺" (图 3-3-1)。唐高宗及武则天时，将寺作为行宫。当时寺内有僧徒 700 人，殿宇千余间。寺内今存大雄、伽蓝、白衣诸殿为清代所建，但寺中砖筑高塔仍为北魏遗存，是中国尚存最古老的高层砖筑石塔 (图 3-3-2)。

塔为砖筑密檐式，高 37.045 米，平面呈十二边形，底径 10.6 米，塔身呈整体曲线状。现状塔内为中空，底层内径 5 米余，塔壁厚 2.5 米。

塔身首层上用叠涩腰檐将塔分上、下两部分。首层高 3.59 米，四个正方向各辟券门 (图 3-3-3)。门上用尖拱形门楣及卷云形楣角，并有三瓣莲花雕饰。上部塔身为 15 层叠涩密檐。檐间为直立矮壁。塔身及檐自下而上逐层内收，各层檐间壁高亦呈递减之势，檐宽逐层收分，外轮廓为抛物线造型。

叠涩檐间塔壁上辟有门窗。每面正中刻板门 2 扇，门上有尖拱状门楣，楣角呈卷云形。门楣下施垂幔，门两侧各配一"破子棂窗"。唯第十层因壁面狭小，仅一门一窗。除南面第五、七、九、

图 3-3-1 嵩岳寺塔全景

图 3-3-2 嵩岳寺塔外观 (辛惠园 摄)

图 3-3-3 嵩岳寺塔首层细部

图 3-3-4 嵩岳寺塔门窗细部 (辛惠园 摄)

十、十一、十三层及东南面第十五层辟真门外，其他为假门。叠涩檐间有门窗492个（图3-3-4）。

塔坐落在高0.85米的十二边形台基上，台基边缘距离塔身外墙约1.6米。南侧有月台，月台前有砖筑踏道。台基北以甬道连接大殿。从材料与砌筑方式看，月台和甬道为后世修葺。

塔身叠涩檐下有佛龛，龛正面嵌一方铭石，下辟半圆拱券门洞，并有尖拱状门楣及卷云形楣角。门洞内为龛室，龛内佛像已无存，后壁残存佛背光图案。龛下须弥座上各雕两个壶门，壶门内雕有形象各异的护法狮子。首层塔身转角上部有八角倚柱，柱头雕以火焰宝珠与覆莲，柱下用覆盆式雕砖柱础。

塔顶用砖筑塔刹，有刹座、覆莲、须弥座、仰莲及七重相轮与宝珠，高约4.745米。宝珠上部已毁，其上所出金属刹杆上饰件已无存。从造型看，嵩岳寺塔各部分多用印度阿育王"宝箧印经塔"式样，并有南北朝时较多见的火焰纹式尖拱，应是受到古代西域犍陀罗艺术影响。（图3-3-5）

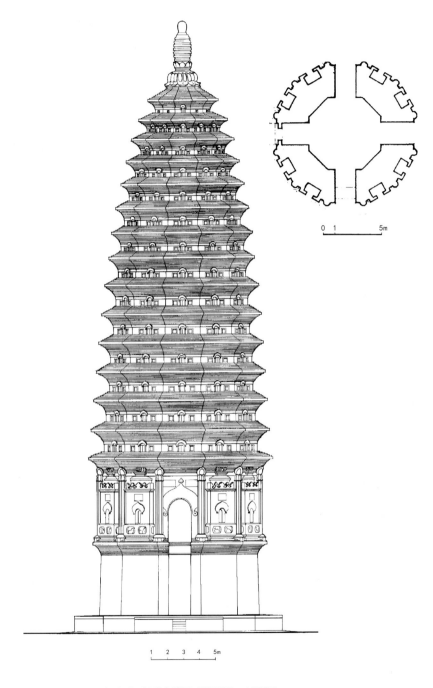

图 3-3-5 嵩岳寺塔图（平面图、立面图）

第四节　历城神通寺四门塔

　　山东历城神通寺，于晋末十六国时由西域高僧佛图澄弟子竺僧朗，杖锡泰山弘法时所创，初名"朗公寺"，隋时改名"神通寺"。寺内代有兴建，中轴线上原有山门、大雄殿、千佛殿、方丈室、禅堂、法堂，左右辅以伽蓝堂、达摩殿和斋房。随岁月变迁，寺内主要建筑已毁圮，除部分遗址外，尚存数座砖石墓塔与佛塔（图3-4-1）。位于寺址东南的四门塔，是古代单层砖石塔中最具代表性的实例（图3-4-2）。

　　塔建于隋大业七年（611年），是一座青石筑单层单檐塔，平面方形，边长7.38米，高15.04米。塔身每面正中各有一拱门，塔内用方形中心柱，柱四面刻石龛，龛内各有一尊造型端庄、刀法道劲、形体庄严的石刻佛像，均为东魏武定二年（544年）遗物，分别为东方阿閦佛、西方无量寿佛、南方宝生佛、北方微妙声佛。这四尊佛，

图3-4-1 山东历城神通寺塔林（辛惠园 摄）

图3-4-2 神通寺四门塔外观（程里尧 摄）

图 3-4-3 神通寺四门塔佛造像（辛惠园 摄）

典出《观佛三昧海经》，经中谈到，在佛说法时，随四散天曼荼罗华落于文殊菩萨身上，出现四柱宝台，台内有四佛，"于其台内有四世尊，放身光明俨然而坐。东方阿閦，南方宝相，西方无量寿，北方微妙声。"（图 3-4-3）

塔顶出挑五层石砌叠涩，形成塔顶出檐，上覆攒尖四坡顶。现存屋顶上部置方形须弥座，座四角雕山华蕉叶，须弥座上中立五层石刻相轮塔刹。

此塔为自北朝至隋唐一度流行的单层塔中造型最宏大的实例（图 3-4-4）。这一时期尚存单层佛塔实例中，还有在规模、体量与造型上与神通寺四门塔十分接近的河南安阳唐代遗构——修定寺塔（图 3-4-5）。此外，一些高僧墓塔，特别是唐代高僧墓塔，如山东泰安灵岩寺慧崇法师塔（图 3-4-6）、河南登封会善寺净藏禅师塔（图 3-4-7）等，都是其中最精美的例证。

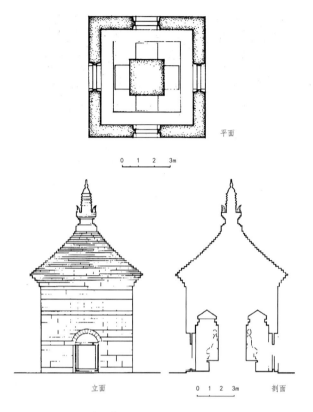

平面

0 1 2 3m

立面

0 1 2 3m 剖面

图 3-4-4 神通寺四门塔平、立、剖面图

图 3-4-6 山东泰安灵岩寺慧崇法师塔外观

图 3-4-5 河南安阳修定寺塔外观

图 3-4-7 河南登封会善寺净藏禅师塔外观

第四章
唐殿辽阁古风雄

第一节　隋唐两京的城市及宫殿

第二节　南禅寺大殿

第三节　五台山佛光寺东大殿

第四节　正定开元寺钟楼

第五节　蓟县独乐寺观音阁与山门

第六节　大同上、下华严寺

第七节　义县奉国寺大殿

第八节　涞源阁院寺文殊殿

第九节　应县佛宫寺释迦塔

第十节　北京天宁寺塔

隋唐两代不仅创立了大兴（长安）、洛阳以规整里坊式格局著称的都城，并将宫殿布置在城市中轴线北端，宫城前专门设置皇城，用来安置各种衙署建筑，从而开启中国古代城市规划新的一页。隋唐两代宫殿建筑，包括西京太极宫、大明宫、兴庆宫，东都洛阳宫，及九成宫、上阳宫、骊山宫等离宫别馆，是中国建筑史上最为宏大的建筑群。一些重要建筑物，如大明宫含元殿、麟德殿，洛阳宫隋乾阳殿、唐乾元殿、武则天明堂，都是名冠古今的重要建筑。

唐代还是中国佛教发展最后一个高峰期，两京城内寺塔林立，如今依然屹立的大雁塔、小雁塔，是这些寺塔中的遗例。唐代大寺院，占地规模与建筑尺度可以与后世帝王宫殿相比肩。从现存五台山佛光寺大殿，可以一窥唐代佛教建筑雄姿。

也许是受到唐末五代北方工匠影响，辽代木构建筑很大程度上保存了唐代建筑雄大、质朴的风韵。现存辽代佛教寺塔尤为丰富。以唐殿、辽阁为代表的"唐辽古风"，成为现存古代木构建筑中最灿烂的两朵奇葩。

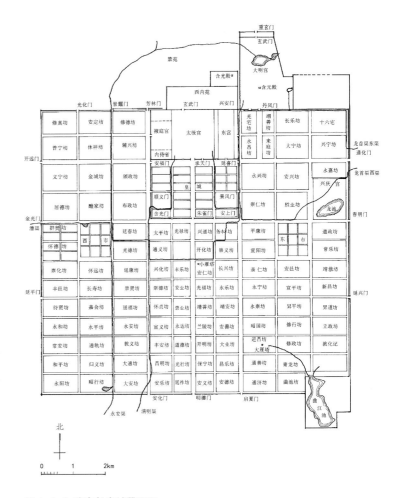

图 4-1-1 隋唐长安城平面图

第一节　隋唐两京的城市及宫殿

隋文帝于581年建造的大兴（长安）城，东西长9721米，南北宽8651.7米。宫城位于南北中轴线的北部，东西长2820.3米（含掖庭宫），南北宽1492.1米。皇城位于宫城之前，实测东西长度与宫城相同，南北宽为1843.6米，据《唐六典》卷七，皇城中"百僚廨署列乎其间，凡省六，

寺九，台一，监四，卫十有八。东宫官属，凡府一，坊三，寺三，率府十"，俨然一个规划严整的国家行政中心（图4-1-1）。

全城分为南北13排，东西12列，共108坊，各坊面积不一，皇城两侧诸坊最大，皇城之南9排坊最小。专门用于贸易的东、西两市，规模相

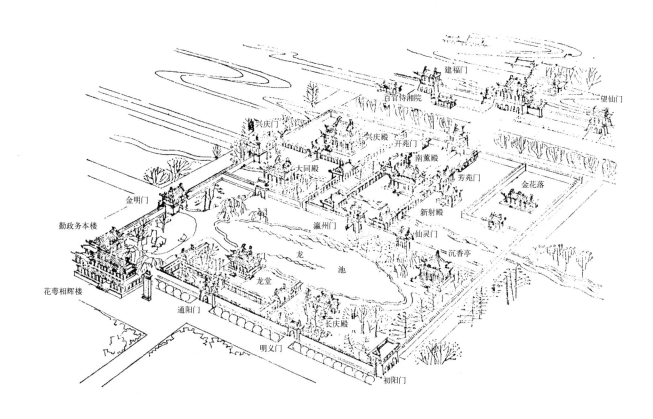

图 4-1-2 唐兴庆宫建筑分布图

当于 4 个坊。城内有六条丘冈，规划者宇文恺将其理解为易卦中的六爻，并按易经概念"九一，潜龙勿用"意，将第一冈阜设为宫殿；"九二，见龙在田，利见大人，君子以夕历惕惕"意，将第二冈阜设为官署；第五条冈阜处，则因"九五贵地，不欲常人居之"，而将两侧整坊之地，分别设置道观（会通观）、佛寺（大兴善寺）。

因地势为东南高，西南低，故东南隅开凿水面以损之，称曲江池；西南隅两坊各建一座高

330 余尺木塔以益之。唐代在城市东北垣外建大明宫，在太极宫北设御苑，唐玄宗时，将其龙潜之地"兴庆坊"，扩展为"兴庆宫"（图 4-1-2）。

大明宫正殿含元殿位于龙首原上，殿基高于坡下约 15 米，大殿面阔 11 间，进深 4 间，殿外四周有宽约 5 米的石筑台基，殿前有长达 70 余米的龙尾道。殿前左右两侧分峙有翔鸾、栖凤二阁，主殿与双阁之间有廊相接，略成"凹"字形平面，前伸翼楼呈三叠阙楼形式。宫城正门"丹

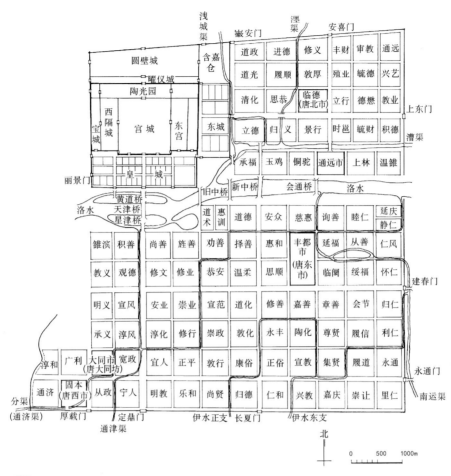

图 4-1-3 隋唐洛阳城平面图

凤门"与大殿距离近 600 米，庭院空间十分宏大。含元殿之北有宣政殿、紫宸殿，形成外朝三殿格局。其后为内宫及御苑太液池。麟德殿位于宫城西侧，由前后三座大殿组合而成，又称三殿，殿内有柱 120 余根，殿两侧有高台，台上有东、西亭，殿前庭院曾是皇帝击鞠之所，庭院四周有回廊。

隋炀帝于 605 年所建东都洛阳，位于汉魏洛阳城西，北依邙山，南以龙门涧为城市门阙。城为不对称布置，宫城与皇城位于城西北隅，皇

城前是城市主干道定鼎门大街。横贯全城的洛水，将全城分为南北两部分。城内有 103 坊，布置在洛水以北的宫城以东及洛水以南。与长安不同的是，洛阳城内的坊，均为一里（300 步）见方。城内还有北市、南市、西市三个市场（图 4-1-3）。

沿定鼎门大街，跨过洛水上的天津桥，是皇城正门"应天门"，穿过皇城是宫城。洛阳宫规模略小于长安大明宫，但其正殿位置上，在前后一百余年时间中，先后建造了隋乾阳殿、唐高宗

图 4-1-4　隋洛阳宫乾阳殿外观及院落复原图（王贵祥　提供）

图 4-1-5　唐洛阳宫武则天明堂复原透视图（王贵祥　提供）

乾元殿、武则天明堂，及焚毁后重建的明堂，和玄宗乾元殿等5座规模宏大的单体木构建筑。其中乾阳殿为三重檐，高170尺（图4-1-4）；高宗乾元殿为重檐，高120尺。武则天明堂东西南北各300尺，高3层，294尺（图4-1-5），都是历史上最宏大的木构殿阁。

洛阳城南龙门石窟中的古阳洞与宾阳洞，始凿于北魏。其主窟奉先寺中的卢舍那大佛，是武则天时所凿。佛像前木造殿堂已毁，现存佛像，及侍立菩萨、天王、力士，都是唐塑中的精品（图4-1-6）。龙门石窟莲花洞内顶部还凿有精美的莲花图案。

图 4-1-6 洛阳龙门石窟奉先寺卢舍那大佛造像（李若水 摄）

第二节　南禅寺大殿

　　唐武宗灭法前所建山西五台南禅寺大殿，是现存中国最古老的木构建筑，其建造年代为唐建中三年（782年），距今1230年。南禅寺原有格局已不清晰，从所处地形看，原本也是一座规模不大的寺院（图4-2-1）。

　　大殿面阔、进深各3间。其面广约11.75米，进深六架椽，约10米，平面近方形。大殿基高，台基东西14.83米，南北14.04米，台基高1.10米。殿内无柱，梁架用前后跨檐六椽檐栿。檐下斗栱中不设补间铺作，仅在补间位置设斗子蜀柱承柱

图 4-2-1 五台南禅寺大殿外观（李若水 摄）

图 4-2-2 南禅寺大殿横剖面图和纵剖面图

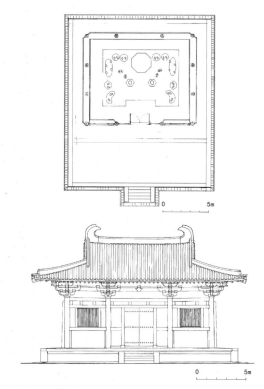

图 4-2-3 南禅寺大殿平面图与立面图

头方。柱头斗栱为五铺作出双杪，栱断面高度 26 厘米。殿平柱高 3.84 米，大殿梁架总高 3.855 米，故其结构总高度为 7.695 米。说明大殿设计者是将柱子高度与梁架高度，做了接近 1:1 的比例处理的（图 4-2-2）。

柱头设双阑额，中有立旌。殿顶举折十分平缓，起举高度为前后橑风槫之间距离的 1/5.15。檐出部分不加飞椽，仅用檐椽。翼角处亦不设子角梁与隐角梁，只设通达内外的大角梁，显得十分古拙（图 4-2-3）。

殿内设佛坛，坛高约 0.7 米，坛上存有唐代造像 17 尊。其中主尊为释迦牟尼佛，以结跏趺

图 4-2-4 南禅寺大殿室内佛座

坐式，端坐于有束腰的须弥座式佛座上。佛座两侧为阿难、迦叶二弟子，文殊、普贤二胁侍菩萨。各骑狮与象的文殊、普贤之前，还有牵引菩萨坐狮、坐象的獠蛮、拂菻和二童子。此外，还有二侍立菩萨与二天王像，和坐于莲台之上的二位供养菩萨像（图4-2-4）。

虽然仅有3开间，但因其疏落硕大的斗栱，双阑额，平缓的屋顶举折曲线，以及深远的出檐，及仅有檐椽而无飞椽的古拙做法，使我们感受到唐代木构殿堂雄浑古朴的气概。

第三节　五台山佛光寺东大殿

五台山佛光寺大殿是现存最古老大型木构殿堂式建筑。20世纪早期，日本学者断言，中国没有唐代木构遗存，但前辈学者梁思成并未因此中止探索步伐。他撰写《我们所知道的唐代建筑》，以敦煌壁画中表现的唐代建筑形象，对唐代建筑特征做了分析。正是在敦煌壁画中，他注意到"五台山大佛光寺"图。为了寻找这座唐代寺院，在抗战爆发前夕的1937年7月初，在极其困难的条件下，他们来到山西五台山豆村佛光寺（图4-3-1）。

这次充满风险的考察，具有决定性意义。通过寺内碑刻与大殿梁栿下的题字，结合建筑形制，梁思成与林徽因证明了佛光寺大殿为唐代所建原构。殿建于唐大中十一年（857年），面阔7间，长34米；进深四间，宽17.66米。平面为唐代木构殿堂规格最高的金箱斗底槽式柱网（图4-3-2）。殿为单檐四阿顶，梁架前后用乳栿，内柱柱头出三跳偷心栱，承托其上四椽栿。栿上

图4-3-1　梁思成、林徽因考察佛光寺

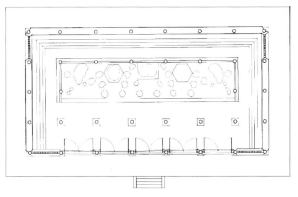

图4-3-2　佛光寺大殿平面图

图 4-3-3 佛光寺大殿横剖面图和纵剖面图

图 4-3-5 佛光寺大殿柱头斗栱细部（李若水 摄）

用平梁，平梁上用三角形大叉手，为我们保留了唐代屋顶平梁上用叉手承托脊槫的古老做法（图 4-3-3，图 4-3-4）。

大殿檐下柱头与转角用七铺作双杪双下昂斗栱，栱断面高度 30 厘米，相当于宋代一等材规格。当心间与次间、梢间，都有补间铺作，但补间比柱头，在铺作上略加简化，其下无栌斗，用斗子蜀柱呈单杪双下昂，比柱头铺作少一跳华栱。其柱头与转角铺作下两跳华栱，均为偷心斗栱做法，这些反映斗栱体系从中晚唐较简约古朴做法，向北宋渐趋完善做法的过渡性过程（图 4-3-5）。

大殿当心间平柱高度与当心间开间的比例略近方形，柱上斗栱高度约为柱子高度的 1/2。大殿屋顶举折平缓，起举高度约为前后槫风槫之间距离的 1/5.5，显然比宋《营造法式》中规定的以前后槫檐方距离三分之一定其举高的殿堂式结构，屋顶曲线要平缓许多。其檐口出挑距离达到4 米余，亦表现了唐代木构殿堂舒展、大气、雄阔、飘逸的艺术气概（图 4-3-6）。

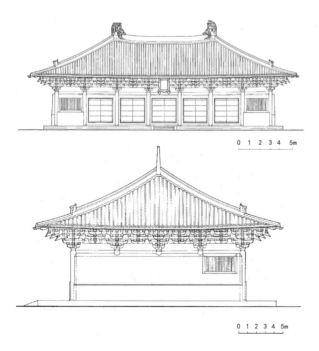

图 4-3-4 佛光寺大殿正立面图和侧立面图

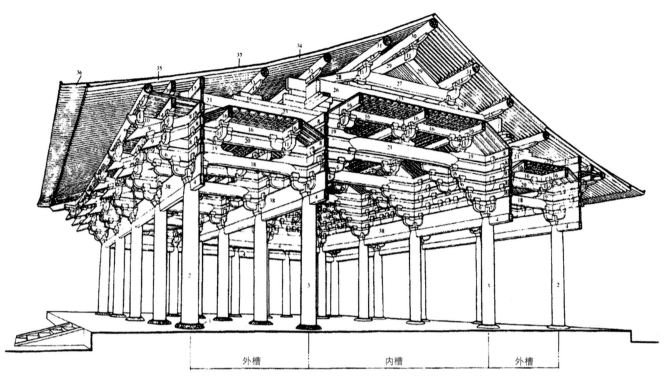

1. 柱础	8. 柱头方	15. 替木	22. 驼峰	29. 叉手	36. 飞子 (复原)
2. 檐柱	9. 下昂	16. 平棊方	23. 平闇	30. 脊槫	37. 望版
3. 内槽柱	10. 耍头	17. 压	24. 草乳栿	31. 上平槫	38. 栱眼壁
4. 阑额	11. 令栱	18. 明乳栿	25. 缴背	32. 中平槫	39. 牛脊方
5. 栌斗	12. 瓜子栱	19. 半驼峰	26. 四椽草栿	33. 下平槫	
6. 华栱	13. 慢栱	20. 素方	27. 平梁	34. 椽	
7. 泥道栱	14. 罗汉方	21. 四椽明栿	28. 托脚	35. 檐椽	

图 4-3-6 佛光寺大殿梁架结构透视图

殿前尚保存金代所建 7 开间悬山式配殿——文殊殿。可以推测，与文殊殿相对应位置，应对称布置有同样配殿——普贤殿。这种配置表现了佛教华严三圣格局，而五台山恰是文殊菩萨的道场，这为我们理解五台山佛光寺原有寺院格局有所助益（图 4-3-7）。

图 4-3-7 佛光寺大殿全景

第四节　正定开元寺钟楼

在尚存唐代木构实例中，河北正定开元寺钟楼是唯一楼阁式建筑，也是现存最古老木构楼阁例证。从建筑史角度看，钟鼓楼建筑最早出现在城市或宫廷建筑群。唐代时在佛寺中设置钟楼已成一种传统，如史书中记载，唐代权臣李林甫住宅旁寺院钟声，令他烦恼，寺院不得不将钟楼迁到寺院另一侧，这从一个侧面说明，唐代寺院中只有钟楼，而无对称布置的鼓楼。开元寺平面格局也在一定程度上证明了这一点。

唐开元年间，玄宗皇帝诏敕全国各州建开元寺，正定开元寺应是这一时期所创（图

图 4-4-2　开元寺钟楼内景（上层梁架）（黄文镐 摄）

图 4-4-1　正定开元寺外观（含塔、钟楼等）（李若水 摄）

4-4-1）。寺中尚存一座唐代所建钟楼，与钟楼对称布置一座方形楼阁式砖塔，塔的造型与唐代砖石塔接近，但却是明代重建。寺中正殿原为清代所建法船殿，现仅存台基。开元寺原有石构三门（山门）一座，也早已倾圮，近年根据史料遗存及记载加以了重修。

从梁架与斗栱形制看，开元寺钟楼应为晚唐（9世纪）作品，平面为方形，面阔进深各三间，周有檐柱12根，内有四根内柱（图4-4-2）。楼为两层，高约14米（图4-4-3）。室内上层悬钟，有楼梯可以到达。下层四面设腰檐，檐上直接出平坐，二层为九脊顶，屋顶举折平缓。屋檐出挑深远。下檐仅在柱头与转角处用五铺作斗栱。上

图4-4-4 开元寺钟楼大门细部（李若水 摄）

图4-4-3 正定开元寺钟楼外观（李若水 摄）

图4-4-5 开元寺钟楼内柱柱础（李若水 摄）

檐亦无补间铺作，在柱头与转角处用五铺作出双杪。用材断面为 25.5 厘米 ×17 厘米。钟楼首层还保留了唐代木门（图 4-4-4），应是现存历史最久的木制门蹯。

钟楼首层内柱下用覆莲式柱础，础石直径明显大于内柱直径，说明这四个柱础是初建时原物（图 4-4-5）。原有钟楼的规模与尺度，很可能比现存钟楼还要宏大一些。在首层地面中央，曾有一个地宫，从对地宫发掘中，可以肯定这是一座唐代钟楼。但为什么在钟楼内设地宫，却是未解之谜。

正定开元寺，不仅保存了一座唐代钟楼实例，其寺院以钟楼与佛塔对称配置方式，既证明了唐代寺院中确实仅设钟楼，不设鼓楼，也说明日本奈良时代法隆寺以金堂与五重塔对称配置方式，可能在隋唐佛寺中也存在。以钟楼与佛塔对称配置，应该是法隆寺式寺院格局的一种变体。

第五节　蓟县独乐寺观音阁与山门

天津蓟县独乐寺山门与观音阁始建于辽清宁二年（984 年）。山门是一座面阔 3 间，进深 2 间，单层单檐四阿五脊顶木构建筑（图 4-5-1，图 4-5-2）。檐下用五铺作斗栱，除柱头与转角铺作外，当心间、次间，及进深开间中，均有补间铺作。

山门在设计上，有良好比例把握，其正面当心间柱头以下比例，若以柱子高度为 1，当心间两柱间距恰为 $\sqrt{2}$，如加柱头以上斗栱高度，即从台基面至檐风槫上皮高度，恰与当心间两柱距离相等。这说明其当心间两柱与檐槫上皮高度，恰成一个正方形；而阑额与两柱间距，则呈一个 $1:\sqrt{2}$ 矩形。同样，其山面进深两间，每间的开间宽度都与柱子高度相等，使山面阑额下，形成两个以柱高为边长的正方形（图 4-5-3）。

观音阁平面为金箱斗底槽，面广 5 间，进深 4 间。以其通进深为 1，通面广则为 $\sqrt{2}$，平面比

图 4-5-1 独乐寺观音阁外观

图 4-5-2 独乐寺山门

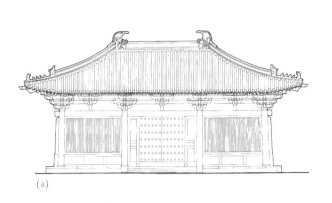
(a)

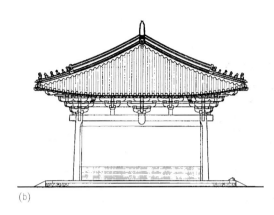
(b)

图 4-5-3 独乐寺山门正立面图和侧立面图

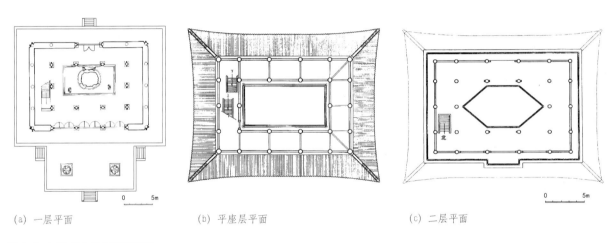

(a) 一层平面

(b) 平座层平面

(c) 二层平面

图 4-5-4 独乐寺观音阁平面图

例恰好为一个 1:$\sqrt{2}$ 矩形（图 4-5-4）。观音阁外观为两层两檐九脊顶，下檐用六铺作出三杪，上檐用七铺作双杪双下昂，各间均用单补间。上、下层之间有一平坐层，平坐柱立在下层柱铺作上，上用斗栱承平坐，内部有一个暗层。暗层中内、外柱间用斜撑，以增加结构强度。由于用了内外套筒式金箱斗底槽平面，阁室内形成一个通贯上、下层空间，中央须弥座台基上设置一尊高 16 米木制观音像，其后有背光，前为胁侍童子像（图 4-5-5）。

图 4-5-5 独乐寺观音阁内景之一

图 4-5-6 独乐寺观音阁内景之二

　　阁首层西侧有木楼梯可达上层。上层形成一个环绕观音像的回廊，从上层门窗中透入的光线正好投射在观音像面部，从底层入口仰望，身体微向前倾的观音菩萨，面部充满光亮，更显出神秘、高尚与慈悲的宗教氛围。室内下层与上层均用了平闇天花。上层屋顶下还设有一藻井（图 4-5-6）。

　　观音阁不仅经历千年风雨，而且地震高发的京东地区，经金、元、明、清，直至 1976 年发生的特大地震，都没有对观音阁造成致命损坏。阁上层四角有清乾隆年添加的擎檐柱，可能是因地震造成上层翼角出现塌陷，工匠采取的补救措施。

第六节　大同上、下华严寺

图 4-6-1　大同上华严寺大殿外观

据《辽史》，山西大同华严寺创于清宁八年
（1062 年），因寺内曾安放辽代诸帝雕像，疑有辽
帝王家庙性质。明洪武三年（1370 年），寺改为"大
有仓"；洪武二十四年（1391 年）又恢复为佛寺。
明万历年间，分为上、下二寺。辽时寺内曾有南、
北阁，东、西廊。

现存上寺大殿重建于金天眷三年（1140 年）。
殿坐落在 4 米高台基上，坐西朝东布置，南北广 9
间（53.7 米），东西深 5 间（27.44 米），单檐四阿顶。
以台基高度与建筑尺度观察，大殿应是现存唐辽
单檐木构建筑中最宏大者，其外檐用五铺作双杪
斗栱，栱高 30 厘米，相当于宋代一等材（图 4-6-1）。

图 4-6-2　上华严寺大殿前檐斗栱细部

图 4-6-3 大同下华严寺薄伽教藏殿

图 4-6-5 薄伽教藏殿壁藏与天宫楼阁

上寺大殿外檐铺作在前后檐当心间与两次间使用了斜栱，但两山外檐补间，及前后檐除当心间，及两个第二次间补间铺作外，其余补间铺作，均使用辽宋标准铺作。这一点或也透露出，上寺大殿可能保留有辽、金两代建筑信息（图 4-6-2）。

下寺大殿为薄伽教藏殿。殿前北侧曾有一座单檐悬山顶的海会殿，是薄伽教藏殿前的配殿。薄伽教藏殿用单檐九脊顶，面阔 5 间，进深 4 间，坐落在高 4.2 米台基上。外檐柱头斗栱用五铺作出双杪重栱计心，但用材高度仅为 23 ～ 24 厘米

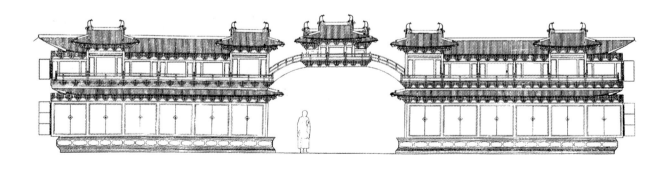

图 4-6-4 薄伽教藏殿壁藏与天宫楼阁立面图

图 4-6-6 薄伽教藏殿内辽代雕塑（黄文镐 摄）

间，接近宋代三等材。说明下寺薄伽教藏殿用了比上寺大殿明显要低的材分（图 4-6-3）。

殿内用于藏经的壁藏与天宫楼阁，是辽代保存最精美的小木作（图 4-6-4）。壁藏下部为书橱，上部以斗栱、屋檐、平坐等，承托一组宏大辽代建筑群缩形。其中有殿堂、廊庑、角亭，还有以敦煌唐代壁画中常见的飞虹桥连接的天宫楼阁，不仅保留了宋辽小木作建造技术，也保存了一组较为完整的辽代建筑组群缩微形象（图 4-6-5）。壁藏与天宫楼阁中的斗栱，成为研究宋、辽时代斗栱制度的重要依据。如壁藏北壁斗栱中，有带斜栱的补间铺作，说明在辽代建筑中，也使用了斜栱做法。

薄伽教藏殿内辽代泥塑造像，尤其是那些婀娜多姿的菩萨造像，是中国雕塑史上不可多得的精品（图 4-6-6）。

图 4-7-1 义县奉国寺大殿外观（辛惠园 摄）

图 4-7-2 义县奉国寺整体外观（黄文镐 摄）

第七节　义县奉国寺大殿

辽代历史虽然仅 200 余年，却留下一批重要木构建筑实例，既有现存最古老的木构楼阁，也有最高大的木构佛塔。在隋唐至宋金这一中古时代，就单层建筑遗存而言，辽代建筑也是独占鳌头。当今仅存的唐、辽、宋、金时期三座九开间木构殿堂，辽、金两代各有一座；其中现存最古老九开间单檐木构殿堂，是辽代所建辽宁义县奉国寺大雄殿（图 4-7-1）。

奉国寺建于辽开泰九年（1020 年）。据寺中元代碑记，除尚存大殿外，还有法堂、观音阁，及阁前东西对峙的三乘阁、弥陀阁等建筑，前有三门，此外还有伽蓝堂、贤圣堂，及方丈、僧房、斋房等，是一组大建筑群（图 4-7-2）。

大雄殿，又称七佛殿，面阔 9 间（48.2 米），进深 5 间（25.13 米），殿基高 3 米，前有月台。殿内两排柱列，将内部空间分为前后两个四架椽进深的空间，但在后排内柱之后，还留出一个两架椽深的空间，形成一个后廊空间。两侧尽间内柱缝，则逐间设柱，形成一个类似金箱斗底槽式平面的两个侧廊空间（图 4-7-3）。

大殿外檐为七铺作双杪双昂斗栱，上用令栱承替木，及橑风槫承椽。内檐则将内柱生起，前后内柱并非同一高度，但殿内梁架与斗栱，仍很整齐有序。此外，大殿平面与立面比例，其进深长度接近面广长度的 1/2，这是唐辽时期九间殿习用平面比例（图 4-7-4，图 4-7-5）。而其檐下立面，当心间由两柱高度与开间宽度，恰好组成一个正方形，其柱上铺作高度，即橑风槫上皮

图 4--7-3 奉国寺大殿内景（黄文镐 摄）

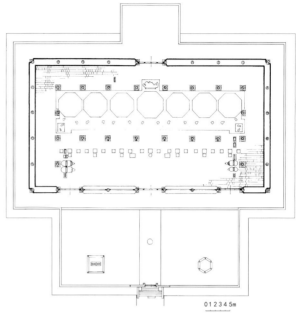

图 4-7-4 奉国寺大殿平面图

图 4--7-5 奉国寺大殿

檐部高度，恰好是柱子高度，或当心间宽度的√2
倍。也就是说，如果其当心间柱子、阑额、地面
围合成一正方形，其外檐铺作橑风槫上皮标高，
是以这个正方形外接圆直径长度为量度。这种将
檐部高度设计为柱子高度√2倍的做法，在辽宋建
筑中多有发现，其中可能隐含古代中国人"天圆
地方"的象征内涵。

第八节　涞源阁院寺文殊殿

　　唐代兴起对文殊信仰，因而在唐宋辽金寺院
中，出现了一批与文殊有关的殿阁，如唐代文献
中经常提到的文殊院、文殊殿、文殊阁等。涞源

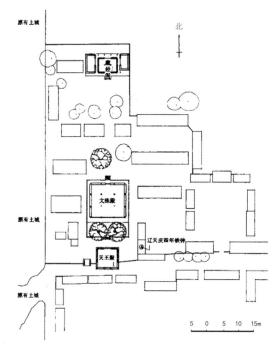

图 4-8-1　涞源阁院寺总平面图

图 4-8-2　涞源阁院寺文殊殿外观 (CFP)

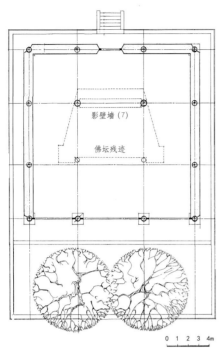

图 4-8-3 文殊殿平面图

阁院寺文殊殿是现存辽代建筑中与文殊信仰有关的一个实例。

寺位于河北涞源县西北隅，尚存天王殿、文殊殿、钟楼、藏经楼等建筑（图 4-8-1）。从格局看，寺内主殿是位于天王殿后的文殊殿（图 4-8-2）。殿的具体建造年代不详，但从寺内所存辽天庆四年（1114 年）所铸铁钟，及殿前所存辽应历十六年（966 年）残存经幢，及大殿梁架与斗栱形制推测，辽时阁院寺曾有大规模修建，文殊殿可能是这时的遗存。

殿平面为方形，面广 3 间（东西 16 米）、进深 3 间（南北 15.67 米）。殿内有 2 根后内柱，及后世添加的两根前内柱，殿正面为木格扇门，两山与后墙为重墙，仅在后墙当心间中央开了一个小门（图 4-8-3）。

殿梁架为六架椽屋四椽栿对乳栿用三柱形式，内柱生起至中平槫下，是一种厅堂式梁架结构。从纵剖面看，在两山用了两组出际梁架，并以两山出际及博风版、悬鱼、曲脊等处理，大致保留了宋、辽时代九脊厦两头式屋顶做法（图 4-8-4）。

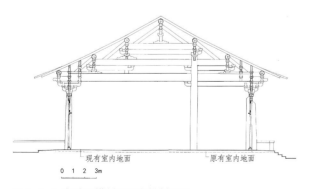
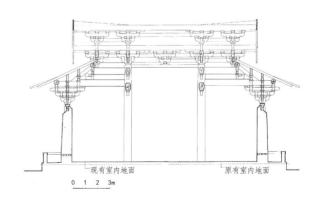

图 4-8-4 文殊殿横剖面图和纵剖面图

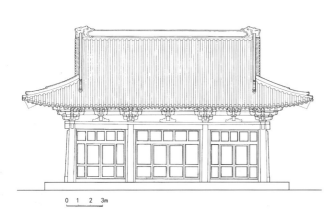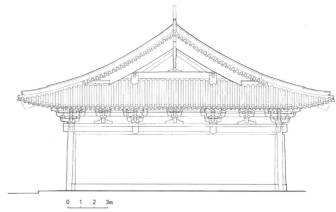

图 4-8-5 文殊殿正立面图和侧立面图

文殊殿斗栱古朴规整。外檐柱头用五铺作双
杪，华栱第一跳跳头上用翼形栱，第二跳跳头置
令栱承替木，替木上承橑风槫。补间铺作通过驼
峰与斗子蜀柱承一跳华栱，华栱头上置令栱，承
替木与橑风槫。当心间与次间，都用单补间，使
大殿立面显得疏朗大方（图 4-8-5）。

转角铺作斗栱用了斜度为 45°方向的斜栱，
以增强转角铺作结构强度，但也为宋金时代北方
地区逐渐流行的斜栱做法，提供了一种早期形式。
如果说文殊殿建于辽代初年，那么，这组带斜栱
的转角铺作，可能是后世铺作中使用斜栱的滥觞
之一。

殿内外斗栱、方子与栱眼壁上，还保存较为
完整的彩绘，显得古雅朴质。殿前檐格扇门纹饰

雕刻，也表现出多样与变化手法，其中可能有后
世修缮痕迹。

第九节　应县佛宫寺释迦塔

文献中所知最高木塔，是北魏时的洛阳永宁
寺塔。这是一座塔基方 14 丈（约合今 41.3 米），
自地面至塔刹以下高 49 丈（约合今 144.55 米）
的 9 层木构塔。隋大兴城西南隅两座高度为 33
丈（约合今 97.35 米）木塔，北宋汴梁 13 层 36
丈（约合今 111.24 米）高开宝寺塔都是史上例子。
可惜，这些见于历史文献的木构高塔，早已毁圮
不存，只有屹立至今的应县木塔是一个例外。

山西应县佛宫寺释迦塔建于辽清宁二年

图 4-9-1 山西应县佛宫寺塔外观（李若水 摄）

图 4-9-2 山西应县木塔剖面图

（1056 年），是现存最古老木构高塔。塔平面八角，塔身外观 5 层，有 6 重塔檐（图 4-9-1）。首层塔有副阶檐一层。首层直径 30.27 米，二层以上各层，均坐落在下层塔顶平坐上。各层间有暗层，塔身实际结构为 9 层。暗层一方面是为了满足支撑上部的平坐层外观高度需要，同时，因暗层内使用斜撑，使塔身在整体上形成几个结构加强层（图 4-9-2）。塔顶铁制塔刹，在须弥座刹基上，用了一个铁皮制作的巨大鼓座，上呈相轮，顶为宝珠。塔刹造型敦厚、比例协调，与整座木塔结合成一个完整艺术整体（图 4-9-3）。

　　自地面至塔刹顶端高度，经笔者于 1992 年亲自测量，实为 65.89 米，这是因为经历千年风雨，构件尺寸多有收缩的结果。当代文献中记录的塔

图 4-9-3 山西应县木塔立面图

图 4-9-4 应县木塔内景之一（首层内景）

图 4-9-5 应县木塔内景之二（三层内景）

图 4-9-6 应县木塔内景之三（五层内景）

高 67.31 米，是按照所测材分尺寸推算的法式测量数据。

　　古代木构佛塔，在造型上经历了从方形向八角形平面的转化，在结构上也经历了从有中心塔柱，到取消中心塔柱的转变。应县木塔恰是这一转变过程的一个结束。塔平面为八角形，并用了内外两重八角形柱网，形成一个比方形平面木塔在强度与刚性上都大为增强的双套筒结构，从而比那些南北朝至隋唐，依赖中心塔柱的方形木塔，在内部空间上，得到了很大释放。

　　塔内一层须弥座上有高 11 米释迦牟尼坐像，首层屋顶设藻井，内槽墙壁绘有佛、天王、金刚等壁画。二层用方形佛座，上塑一佛、二菩萨、二胁侍。三层塔内八角形佛座四个方向各塑一佛像，应是四方佛造型。四层塔内塑一佛、二弟子、二菩萨造像。五层塑大日如来毗卢遮那佛与八大菩萨造像。塔内造像与壁画，表现了佛国世界的庄严与宁静（图 4-9-4，图 4-9-5，图 4-9-6）。

第十节　北京天宁寺塔

辽代砖石塔造型十分多样，有楼阁式（图4-10-1）、密檐式（图4-10-2），及上部如宝瓶状的塔婆式塔，如建于辽天庆年间（1111—1120年）的北京云居寺北塔（图4-10-3）。塔的平面也不一样，虽然多数辽塔用八角形平面，也有方形塔，如重修于辽重熙十三年（1044年）的辽宁朝阳北塔（图4-10-4）。

北京天宁寺初创于北魏，原名光林寺。隋仁寿二年（602年）改称宏业寺。唐开元年（713—749年）改称天王寺。辽代寺始括入城内，金大定二十一年（1181年）改称大万安禅寺。元代兵火使寺院遭毁，仅余一塔，明永乐时（1403—1424年）重修寺宇，宣德间（1426—1435年）改称天宁寺。塔的准确建造年代不详，从塔造型

图4-10-1 辽代楼阁式塔（涿州智度寺塔）（黄文镐 摄）

图4-10-2 辽代密檐式塔（灵丘觉山寺塔）

图 4-10-4 辽宁朝阳北塔

图 4-10-5 北京天宁寺塔外观

与细部看，与建于辽大安五年（1089 年）的山西灵丘觉山寺塔十分接近，应是一座辽代塔。

　　天宁寺塔为八角十三层密檐式实心砖塔，高57.8 米，坐落在一四方平台上，上用两层八角形基，及一层砖筑须弥座塔基，塔基束腰处刻壹门、狮首，间柱上浮雕缠枝莲纹，转角处雕金刚力士。其上覆有一层雕砖塔座，座上刻壹门、狮首、斗

栱、栏杆，再上是密排砖雕仰莲塔座，上为塔身首层（图 4-10-5，图 4-10-6）。

　　塔首层为仿木结构造型，八角形转角处设倚柱，柱上曾有蟠龙，四正面中心为拱门式雕刻，拱券上刻祥云、飞天、众佛等像，拱券下刻一佛二弟子，门楣下刻菱花格式假门门扇，门两侧刻天王。其余四个面则用砖雕矩形直棂假窗，

图 4-10-3 北京云居寺辽塔

图 4-10-6 北京天宁寺塔立面图

窗上刻菩萨像，窗下中央用仿木立楹，支撑窗下槛，表现出辽代木构做法。两侧刻胁侍菩萨（图4-10-7）。

首层塔身以上，为砖砌十三层密檐。塔檐逐层收进，使外轮廓线显得严整而富于弹性。檐下有规制严谨的砖雕斗栱，上承屋檐，用砖刻出檐椽、飞椽、勾头、瓦当，檐上戗脊用仙人、走兽。翼角下雕出角梁、套兽，其下悬铃铎。其上各层，除不用柱子、墙面、门窗外，其余斗栱、檐口等做法，与首层屋檐无异。塔顶宝刹是在两层八角仰莲上，承托一个小须弥座，座上再承宝珠。

图 4-10-7 北京天宁寺塔塔身细部

第五章
汴京繁华杭京梦

第一节　北宋汴梁城及祐国寺铁塔

第二节　金明池夺标图

第三节　杭州灵隐寺双石塔、闸口白塔

第四节　正定隆兴寺摩尼殿等

第五节　隆兴寺转轮藏殿与慈氏阁

第六节　定州开元寺料敌塔

第七节　太原晋祠圣母殿与献殿

第八节　少林寺初祖庵

第九节　平遥镇国寺大殿、福州华林寺大殿与宁波保国寺大殿

第十节　苏州玄妙观三清殿

一本《东京[1]梦华录》将我们带回近900年前的北宋都城汴梁（今开封）。与隋唐两京不同，汴梁城不是一次规划建造而成。汴梁原是唐代一座州城，唐汴州刺史李勉，为汴州设立了子城与外郭城。

盛唐时期的唐帝国，对于江左地区的经济仰赖，已成不可逆转之势。为了解决长安大量人口造成的经济压力，唐高宗、武则天时，常采取"就食东都"做法，使皇室成员与朝廷大部分官员，居住在离粮食供给地江左地区较为近便、漕运条件较好的东都洛阳。五代后周，出于同样原因，将帝国都城设在离江左地区更近、漕运更为便利的汴州。代后周而起的北宋王朝，因袭后周做法，将汴梁作为王朝首都，为汴梁城带来多达一个半世纪的繁荣与兴盛。

1127年靖康之变，北宋王朝灭亡。将都城设在杭州的南宋王朝，为表示还要返回汴京的决心，将这座城市名之为"临安"。此后近一个半世纪，这座城市又再一次演绎了从一时繁华，到一朝覆灭的悲剧命运。南宋人诗："山外青山楼外楼，西湖歌舞几时休。暖风熏得游人醉，只把杭州作汴州。"描写的既是临安城的繁华熙攘，也是临安人生活的纸醉金迷。

第一节　北宋汴梁城及祐国寺铁塔

后周世宗时，汴梁从原来周回不足20里的州城，扩大到周回50里的都城。城内不再设置

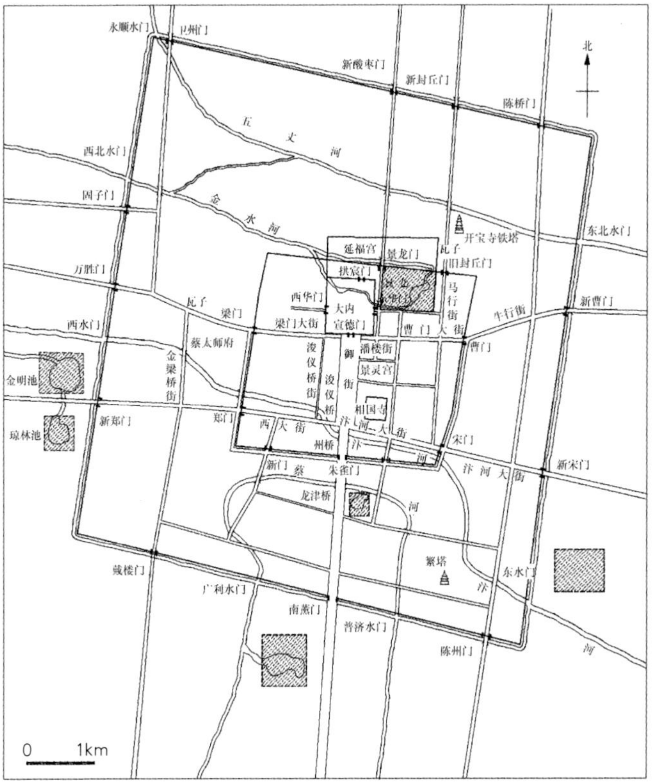

图 5-1-1　北宋汴梁城复原平面图

有坊墙围护的封闭里坊，百姓房屋可以临街建造。城内也不再设封闭的"市"。沿街建筑上可以开设临街的店铺（图5-1-1）。宋代绘画《清明上河图》保存了汴梁城内与城外一隅真实景象（从图中可见当时的城门，图5-1-2）。

汴梁中心是周回约5里的北宋大内宫城（图5-1-3）。大内主要宫殿门阙沿中轴线布置。大内正门为宣德门，正殿为大庆殿。大庆殿之前，是中央衙署所在地，大庆殿之后为常朝紫宸殿。

1　东京即宋代的汴梁，即今天的开封。

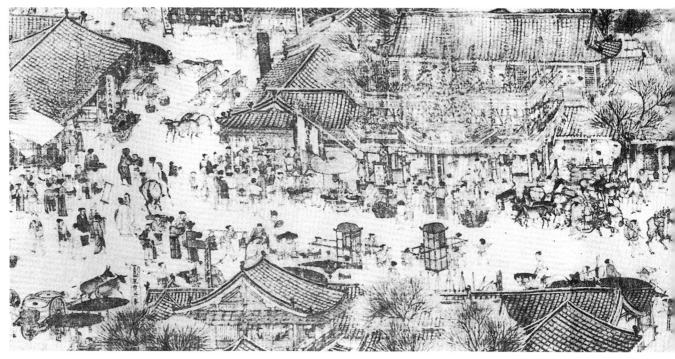

图 5-1-2 宋代张择端,《清明上河图》局部

图 5-1-3 宋徽宗绘《瑞鹤图》(大内宫城门)

图 5-1-4 开封大相国寺外观（CFP）

图 5-1-5 开封祐国寺铁塔外观（王雪林 摄）

大庆殿之西有听政之所垂拱殿，紫宸殿、垂拱殿之间还有文德殿。宫中还有集英殿、升平楼，是皇帝饮宴之所。宫门前的一道御街，正对汴水上的州桥。

汴梁城内建造了许多寺塔、宫观，如位于州桥前的大相国寺（图5-1-4）。大相国寺在唐代即已初具规模；北宋时它不仅成为一座规模宏大的寺院，也成为汴梁文化、生活中心。相国寺内俗讲佛经故事时，常出现万头攒动场面。城内东北隅的开宝寺，北宋初年时，曾建有一座高达110余米的木塔。塔的建造者是曾撰写《木经》一书的建筑师喻皓。这座塔在初落成时，整个塔身微向西北倾斜。许多人询问个中原因，喻皓回答说，京师（汴梁）多西北风，这样预先将塔向西北做一点倾斜，吹之百年，塔就会被吹正。可惜这座开宝寺塔，因遭雷火袭击而毁，之后人们又在寺中建造另外一座塔——祐国寺铁塔。祐国寺塔用较耐火的砖建造，建于北宋皇祐元年（1049年）。塔外表面镶砌了一层带有光泽，更耐雨水冲击的深褐色琉璃面砖，故外观呈略近黑色的铁红颜色，俗称"铁塔"（图5-1-5）。

祐国寺铁塔是一座比例高挺的砖筑琉璃饰面楼阁式塔，平面八角，高13层，约54.66米，首层较高，以上逐层减低，从下向上呈递减节奏。塔底直径约为12米。转角用圆形倚柱，柱间墙面上有门或窗，各层塔檐下用砖筑琉璃饰面斗栱，并有飞天、降龙、麒麟等纹饰（图5-1-6）。各层塔檐出挑较小，整座塔身显得高峻、挺拔、精美，颇有用金属铸造而成之感。祐国寺塔是建造时间最早，也最高大的琉璃塔。

图5-1-6 祐国寺铁塔外观细部（王雪林 摄）

第二节　金明池夺标图

图 5-2-1　明代文征明，《辋川别业图》

中国古代园林史几乎与古代建筑史一样久远。周文王所建灵沼、灵囿、灵台，是古代皇家园林的最早范例。秦、汉、隋、唐统一大帝国发展了规模宏大的皇家苑囿，历史上有过许多见诸史籍的重要园林，如汉长安上林苑、隋洛阳西苑、唐洛阳神都苑、元大都飞放泊等，都是规模十分宏大的皇家苑囿。这些苑囿的功能之一，是用于帝王的围猎活动。

自两晋时代始，文人士大夫中渐渐形成的归隐思想，刺激了知识阶层对自然山林泉石的向往。一些文人开始在相对比较狭小的范围内，经营自己的私家园林。唐代城市住宅中出现了山池院、山亭院等私家园林，也出现了如王维的辋川别业这样的文人园（图 5-2-1）。这些都对后世皇家园林产生了影响。

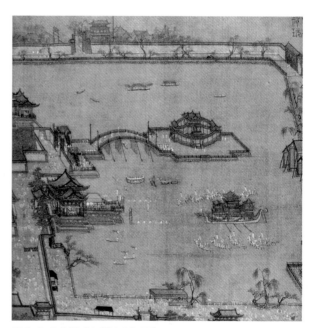

图 5-2-2 宋画《金明池夺标图》

图 5-3-1 灵隐寺双石塔东塔外观 (李若水 摄)

图 5-3-2 灵隐寺双石塔西塔外观 (李若水 摄)

至迟到北宋时代，皇家园林不再追求专门用于围猎的宏大苑囿，而采用规模与尺度较为适中，可供游览与居住的园林形式。这也开启了后世适度规模皇家园林的新风尚。一些皇家园林，如北宋汴梁金明池、琼林苑等，就是一些规模与尺度较适中，适合游览、休憩的园林。位于汴梁城西门外的金明池就是这种规模适中的北宋皇家园林（参见图 5-1-1）。

现存宋代界画《金明池夺标图》，是以当时的汴梁金明池为背景绘制的。这幅宋代绘画，为我们保存了一座宋代皇家园林的真实画面。其华丽、庄严的宫殿、亭阁，开阔的湖池水面，水中由圆形环廊与中心敞亭组成的水上建筑物，使这座园林显得既庄严宏伟，又活泼诙谐。水中还有一座装饰华丽的龙舟，是用于水中夺标表演的船只（图 5-2-2）。

园中充满了游人，及观看杂耍、相扑等活动的人群。说明虽然是一座皇家园林，也是可以向普通百姓开放的。据《东京梦华录》的记载，金明池每年都会定期向百姓开放，在开放期间，不仅游人如织，而且园中商业贸易与娱乐活动十分活跃。游人甚至可以在湖中钓鱼，而钓来的活鱼，也可以就近在餐馆中烹饪享用。这不禁令我们感叹这座中古园林中充满的活力与令人惊异的现代感。

第三节　杭州灵隐寺双石塔、闸口白塔

五代时吴越国所领浙闽一带，较安定富足，禅宗五山十刹，大部分分布在吴越国范围内，杭州灵隐寺即是其中一座。灵隐寺大雄宝殿前双石

图 5-3-3 闸口白塔外观（李若水 摄）

塔，和位于钱塘江边的闸口白塔，及杭州一些著名佛塔，如保俶塔、雷峰塔等，都是吴越国时所造。

宋初太祖建隆元年（960 年），吴越王钱俶对灵隐寺加以拓展重建，大雄殿前双石塔就是这时建造的（图 5-3-1，图 5-3-2）。闸口白塔的准确建造年代不见于记载，从形制上看，与灵隐寺双石塔十分接近。因此，可以推测，这三座塔的建造时期不会相差太久，闸口白塔可能略早于灵隐寺双石塔。但三座塔都是建于五代吴越国时期，则是毫无疑问的。

这三座塔都用石材雕琢而成，平面八角形，三塔均为九级，灵隐寺双塔高度为 12 米，闸口白塔高度约为 14 米（图 5-3-3），与灵隐寺双塔在高度上十分接近。灵隐寺双塔底层各由一个须弥座台基承托。台基束腰处在八个方向上都刻有《大佛顶陀罗尼经》经文。台基上置八角形塔身。各层八角形角隅处各立一根圆形倚柱，每面又各有两根槏柱，使每面在外观上是三开间。柱头上施仿木做法的阑额，塔之东南西北四个正面各有

图 5-3-4 灵隐寺石塔细部（李若水 摄）

图 5-3-5 闸口白塔细部（李若水 摄）

门形雕刻，门上刻有门钉与铺首，宛如真实木门形状。门侧立有菩萨像。其余四个方向上无门窗雕刻，仅刻佛与菩萨造像（图5-3-4）。

柱头斗栱为五铺作单杪单昂。屋檐也用仿木做法，檐上用平坐，平坐下有石制仿木斗栱，斗栱形制为简单的一斗三升做法。平坐四周有钩阑，并以各层平坐承托上层塔身，从而使整座塔很像一座比例俊秀的木制楼阁式塔。三座塔的塔刹已遭破坏，从残留情况看，原来的塔刹为覆钵式仰覆莲基座，座上用石制刹杆，杆上雕有七重相轮。

闸口白塔基座为2层，下层雕有山海纹样，上层是一个高约1米的石筑须弥座。座束腰处雕有佛经。塔身为九层八面，每面3间，各层有平坐，平坐外沿设钩阑，形成环绕塔身的平坐檐廊。每层四个正面当心间设门。门下部有门钉，上部为直棂窗形式。石雕倚柱上是阑额，表面刻有"七朱八白"彩画饰样。塔身其余四面及门两侧，则雕有佛菩萨与经变故事等浮雕纹样（图5-3-5）。

第四节　正定隆兴寺摩尼殿等

河北正定隆兴寺初创于隋开皇六年（586年），原名"龙藏寺"，唐改称"龙兴寺"，清康熙五十二年（1713年）敕赐寺额"隆兴"。北宋开宝二年（969年）敕令龙兴寺重铸大悲菩萨像，并建大悲阁。经元、明、清历代重修，寺内建筑尚存宋、清遗构。沿南北中轴线依序布置琉璃影壁、三孔桥、天王殿、大觉六师殿（遗址）、摩尼殿、戒坛、大悲阁、集庆阁（遗址）和弥陀殿。隆兴寺最后是从崇因寺迁来的毗卢殿，全寺占地

图5-4-1 正定隆兴寺外观（辛惠园 摄）

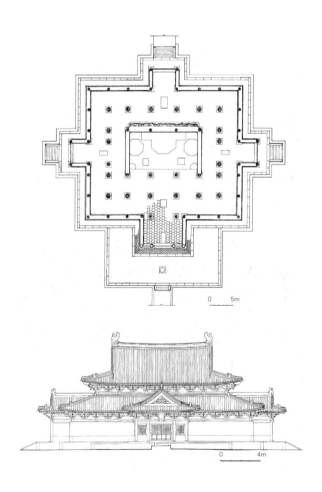

图5-4-2 摩尼殿平面图与南立面图

图 5-4-3 隆兴寺摩尼殿外观

图 5-4-4 维琴察圆厅别墅（李德华 摄）

图 5-4-5 摩尼殿内景

约 8.25 公顷（图 5-4-1）。

寺中主殿摩尼殿，不仅是一座北宋初年遗构，且其十字平面，四面设门，集中式构图造型，也是古代建筑中仅有实例。殿始建于北宋皇祐四年（1052 年），是一座平面略近方形的大殿，坐落在一个高近 1.2 米的台基上，并在四个方向出抱厦，形成十字形平面格局（图 5-4-2）。殿内供奉释迦牟尼佛像，殿面阔 7 间，长 33.32 米，进深 7 间，宽 27.08 米。平面在柱网布置上有一个特殊做法，在面阔与进深两个方向上，次间开间尺寸，比梢间开间尺寸，要明显小一些（图 5-4-3）。

摩尼殿四个方向所出抱厦，呈宋式建筑中将九脊屋顶山面朝外的龟头殿造型。这种四面出龟头殿做法，有如在一座方形建筑四个主方向上，各加一个山面屋顶造型。这一造型特征，在文艺复兴时期建筑大师帕拉第奥设计的维琴察圆亭别墅中曾见到。除了其中央屋顶为圆形穹隆外，隆兴寺摩尼殿与维琴察圆亭别墅，在平面形式及各立面造型意趣上，如出一辙。而摩尼殿建造时间，比圆亭别墅早 400 余年（图 5-4-4）。

摩尼殿中央屋顶为重檐九脊形式。檐下斗栱中用斜栱。殿内四壁保存了精美的宋代壁画。殿内中央高大佛座上供奉三世佛。佛像后为一堵墙，作为佛像背光。墙背面，塑有一铺造型精美的倒坐山海观音。这尊姿态优雅，如在半空的观音坐像，正好面对大殿北侧龟头殿式抱厦形成的门洞，充沛的光线，直接投射在观音像上，与周围大面积灰暗色调形成反差，凸显一种神秘艺术氛围（图 5-4-5）。

第五节　隆兴寺转轮藏殿与慈氏阁

隆兴寺大悲阁前左右对峙两座木楼阁，西为转轮藏殿（图 5-5-1），东为慈氏阁（图 5-5-2）。转轮藏做法始自南朝梁，历代佛寺多有营造。河北正定隆兴寺、四川平武报恩寺、北京智化寺和颐和园，及山西五台山塔院寺中尚存几座转轮藏。

隆兴寺转轮藏殿是一座九脊顶二层楼阁（图 5-5-3）。面阔 3 间，长 13.98 米，进深 3 间，宽 13.3 米；总高 23.05 米。阁下层前出一腰檐，正立面为两重屋檐。阁内首层中央是一木制八角

图 5-5-1　隆兴寺转轮藏殿外观（李若水　摄）

图 5-5-2　隆兴寺慈氏阁外观（李若水　摄）

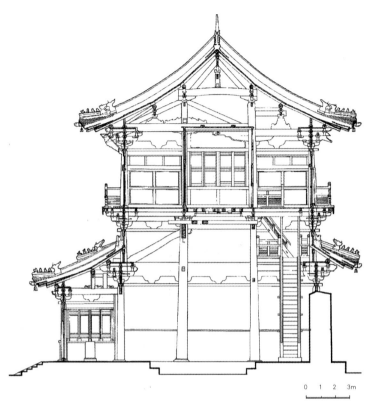

图 5-5-3 转轮藏殿剖面图

图 5-5-4 转轮藏殿内景（辛惠园 摄）

形转轮藏，置于一直径 7 米圆形地坑中央，高 2.66 米，边长 2.65 米，直径 6.9 米。每面 3 开间，当心间面阔 0.96 米，次间面阔 0.66 米。每角各用一角柱，柱径 16.3 厘米。当心间平柱为下不及地的垂莲柱。中用一立轴，轮藏顶用八角屋顶，形如一座宋代八角亭，檐下用八铺作双杪三昂斗栱。现存唐宋大木作遗构，仅见七铺作双杪双昂做法，这座转轮藏是唯一保存宋代最高等级八铺作斗栱实例（图 5-5-4）。

宋《营造法式》小木作制度有："造经藏之制，共高二丈，径一丈六尺，八棱，每棱面广六丈六尺六分，内外槽柱，外槽帐身柱上腰檐平坐，上施天宫楼阁，八面制度同其名件，广厚皆随逐层每尺高积而为法。"又记"转轮高八尺，径九尺，当心用立轴一丈八尺，径一尺五寸，上用铁铜钏，下用铁鹅台桶子。"隆兴寺转轮藏基本符合《营造法式》中有关转轮藏的制作规制。

从建筑结构角度观察，转轮藏殿最引人注目的做法是其首层与二层之间所用弯乳栿。这种弯乳栿式结构处理，不仅消除了因腰檐可能引起的暗层结构，使室内首层高度明显增高，有利于设置高大转轮藏，也使二层结构高度与室外腰檐高度，及前檐檐口高度之间，得到了一种恰当过渡。

与转轮藏殿对峙而立的慈氏阁，面阔与进深均为 3 间，与转轮藏殿在造型与结构上大略相近，阁内用减柱造，二层用柱直接置于首层结构梁栿上，使其室内空间通贯上下，显得高敞空阔。阁内供奉一尊高约 7.3 米宋代弥勒佛木雕造像，佛造像两足用两朵木雕莲花，其下为一高 2 米的须弥座，室内空间实为一层，外观则呈二层造型，中间用腰檐（图 5-5-5）。

第六节　定州开元寺料敌塔

现存唐宋佛塔以砖石塔为多，唐代砖石塔中，有单层塔，如河南登封净藏禅师塔（图 5-6-1）、山西平顺海会院明惠大师塔；还有密檐塔，如登封法王寺塔、大理崇圣寺千寻塔，也有一些造型古朴的楼阁式塔，如西安兴教寺玄奘塔、西安香积寺塔。宋代砖石塔中，则以楼阁式塔为多。此外，唐塔以方形平面为多，宋塔以八角形平面为多。宋代八角形砖石塔著名例子，有苏州虎丘云岩寺塔（图 5-6-2）、苏州报恩寺塔、泉州开元

图 5-5-5 慈氏阁内景（赵献超 摄）

图 5-6-1 唐净藏禅师塔外观（辛惠园 摄）

图 5-6-3 泉州开元寺双石塔外观

寺双石塔（图 5-6-3）、开封祐国寺塔等。

从高度看，定州开元寺塔是现存中国佛塔中最高，也是现存中国古建筑中最高的遗存。塔位于河北定州南门内，始创于北宋咸平四年（1001年），落成于北宋至和二年（1055年）。寺原为唐开元年间建，目的是为存放僧人会能自天竺赍回佛经与舍利。然而，北宋时的定州，处在宋辽对峙的军事前沿，因其十分高大，宋军利用这座高塔作为瞭望与观察辽军动向的制高点，故塔又称"料敌塔"或"瞭敌塔"（图 5-6-4）。

料敌塔平面八角，塔座周长 64 步，约为127.65 米；塔高 11 层，约 84.2 米。塔为砖砌，塔身为白色，首层稍高，并有叠涩塔檐与平坐。二层以上仅有叠涩塔檐而无平坐，塔身逐层呈有节奏递减，各层檐角都用挑檐木，檐外端曾悬铁环及风铎。下九层在东西南北四个正方向设半圆

图 5-6-2 苏州虎丘云岩寺塔外观（万幼楠 摄）

图 5-6-4 定州开元寺塔外观（楼庆西 摄）

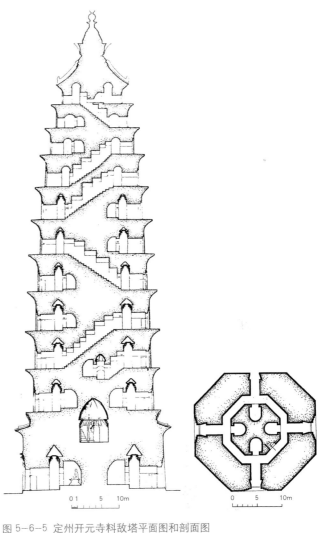

图 5-6-5 定州开元寺料敌塔平面图和剖面图

拱券门洞，其余四面则用方形直棂假窗。第十与
第十一层，在八个方向用半圆拱券门洞。拱券门
洞外墙面，处理成方形边框，框内刻砖雕门额与
门簪。券顶上有尖拱形雕饰。

　　塔身分内外两层，塔心用砖砌结构通贯上下，
无中空的各层空间，登塔阶梯可穿越塔心，四面
可盘旋向上，直抵顶层。各层塔心与外层结构间

有一个八角周回廊道，可以通过四个方向的拱券
门洞向外瞭望。回廊两侧凿有壁龛。回廊顶部饰
有各种砖雕图案，并有彩绘花纹。顶层为八角攒
尖塔顶。屋顶所用八角戗脊，前部饰有黄琉璃瓦
饰人物、脊兽。攒尖处是砖砌莲花瓣，其上有一
个铁座，上置塔刹，刹顶有铜铸葫芦形宝瓶（图
5-6-5）。

第七节 太原晋祠圣母殿与献殿

古代中国人认为："国之大事，唯祀与戎"。祭祀建筑在中国建筑中具有特别重要的地位。山西太原的晋祠主殿为圣母殿，祭祀周武王次子叔虞的母亲。中轴线上布置有圣母殿、鱼沼飞梁、献殿、金人台，及后世所建戏楼（图5-7-1）。

圣母殿建于北宋崇宁元年（1102年），后虽屡有重修，基本保持原构特征。殿面阔7间，进深6间，重檐九脊顶，有"周匝副阶"，故殿身为5间，进深八架椽。前檐廊较宽大，用来举行大型祭祀礼仪（图5-7-2）。

殿上檐斗栱为六铺作双杪单昂，里转出三杪；下檐副阶斗栱减上檐一铺，为五铺作单杪单昂。这一做法与宋《营造法式》相合。无论上檐还是下檐斗栱，都用单补间，使大殿在外观上显得既隆重、富丽，又疏朗、古雅。

圣母殿内保存一组宋代雕塑，包括位于中心宝座上的圣母像，及四周环立的侍女像。造像总数43尊，尺度接近真人，属宋代塑像中的精品（图5-7-3）。殿前鱼沼飞梁，虽然始造年代很久，但现存为北宋遗构。池沼为石头砌筑，桥下用石柱，柱下用宝装莲花覆盆柱础，柱头用栌斗，上施十字布置的华栱。鱼沼飞梁保存了宋代木石结构，特别是桥梁结构的一些做法（图5-7-4）。

献殿建造于金大定八年（1168年），用于存放祭品。殿面阔3间，进深3间，单檐九脊顶。进深四架椽，在四椽檐栿上承平梁。这座祭祀性木构殿堂，以其通透的空间与华丽的屋顶瓦饰，凸显了金代建筑的精美与华丽（图5-7-5）。

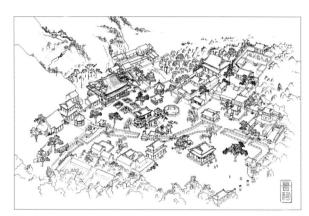

图5-7-1 晋祠鸟瞰

图5-7-2 晋祠圣母殿外观（李若水 摄）

图5-7-3 晋祠圣母殿内景（郑建民 摄）

在面阔三间的木构殿堂中，唐建中三年（782年）的五台南禅寺大殿、辽统和二年（984年）的蓟县独乐寺山门与金大定八年（1168年）的晋祠献殿，在尺度上较接近，但从造型上看，南禅寺大殿，不失唐代建筑的雄大与飘逸；独乐寺山门尚显唐辽古风的端庄与素雅；三者之中，唯晋祠献殿，在秀丽中透出几分玲珑。这三座三间小殿，恰好代表了唐、辽、金时代三种艺术风格：唐代建筑质朴、雄硕；辽代建筑朴质、素雅；金代建筑在灵巧中透出细腻，显出一种欢愉与精致的效果。

第八节　少林寺初祖庵

中国文化肇极于赵宋时代，而北宋王朝京畿之地，位处中原大地。经济繁荣、文化昌盛的北宋一代，曾在中原地区建立诸多繁华都市与华美宫殿、苑囿与寺观。但随12世纪宋金间战争，及13世纪宋元间战争，加之无止无尽的黄河泛滥，使这一片原本繁华似锦的中原沃土遭受重创，往日繁华绮丽的大都会，如汴梁、洛阳，沦为破败、狭促的地方小城，再也难现往日的辉煌。

如果说宋人建造了无数精美的殿阁楼台，并在其中上演了歌舞升平的历史大戏，但今日在中原地区见到的宋代木构殿堂却如凤毛麟角。如果将规制卑微的济渎庙（图5-8-1）不列在内，嵩山少林寺初祖庵大殿，就是河南地区唯一尚存较完好的北宋木构殿堂（图5-8-2）。

大殿平面略近方形，面广三间，约11.14米，进深三间，约10.7米，单檐九脊顶。殿内有四柱，为室内礼佛需要，殿内两根后柱，稍向后移，以利

图 5-7-4　鱼沼飞梁外观

图 5-7-5　晋祠献殿外观（李若水　摄）

图 5-8-1　济渎庙外观（杨一耘　摄）

图5-8-2 少林寺初祖庵正面外观(辛惠园 摄)

图5-8-4 初祖庵侧面外观(辛惠园 摄)

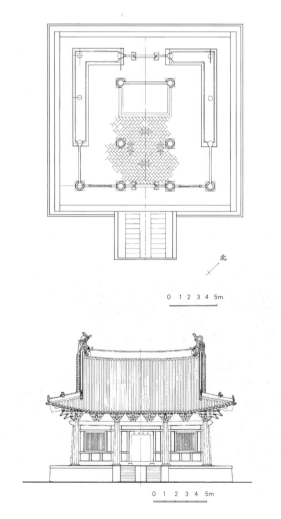

图5-8-3 初祖庵平面图和立面图

图5-8-5 初祖庵外檐斗栱细部(辛惠园 摄)

于放置佛座,使中心礼佛空间略显宽敞(图5-8-3)。

为凸显大殿礼佛空间,殿周围在墙的设置上别出心裁,除了前檐使用门窗格扇外,两山前部,也使用了如门窗一样的木格扇处理,形成一个较为宽敞明亮的前廊空间。两山后部及后檐,则用北方多见厚实土坯实墙(图5-8-4)。

大殿斗栱为五铺作单杪单昂,用材高度18.5厘米,约相当于宋《营造法式》六等材(图5-8-5)。说明这座建筑,在当时工匠心目中,是一座小殿。其用途仅用于供奉少林寺禅宗初祖达摩祖师,而非寺院中的佛殿或菩萨殿,因此,祖师殿无论在规模上,还是在等级上,都不属宋代木构建筑中较为恢弘者。但其精巧的结构、整齐的梁架、装饰精美的屋瓦、脊饰，及有曲脊与博风版，及悬鱼雕饰的山花处理，为我们保留了一座珍贵宋代木构殿堂建筑细部做法的实例。

第九节　平遥镇国寺大殿、福州华林寺大殿与宁波保国寺大殿

山西平遥镇国寺大殿、福建福州华林寺大殿与浙江宁波保国寺大殿，不仅建造时间接近，且均为3开间，单檐九脊顶，及七铺作双杪双下昂外檐斗栱。

镇国寺万佛殿建于五代末北汉天会七年（963年），单檐九脊顶，坐北朝南布置，面阔3间，东西11.57米，进深六架椽，南北10.77米，平面近方形。殿四周用12根柱，殿内无柱。柱子有明显侧脚、生起，角柱比平柱高5厘米。外檐斗栱用七铺作双杪双昂，逐间用单补间，以斗子蜀柱承两跳华栱。屋顶坡度已显陡峻，起举高度为前后橑檐方距离的1/3.65。屋檐出挑深远，接近檐柱高度1/2，由于斗栱硕大，檐下铺作高度，几乎接近柱高7/10，建筑形制十分古朴（图5-9-1）。

殿内不用平棊、平闇，当心间左右两柱缝柱头铺作上各用六椽檐栿一根，上以六椽草栿承四

图 5-9-1 平遥镇国寺大殿外观（李若水　摄）

图 5-9-2 镇国寺大殿内景（李若水 摄）

图 5-9-3 华林寺大殿外观（黄文镐 摄）

椽栿，两端用托脚，上承平槫，其上再用平梁、蜀柱、又手承脊槫。殿内保存有五代佛造像（图 5-9-2）。

福州华林寺大殿，建于吴越钱俶十八年（964年），初名"越山吉祥禅院"，明正统九年（1444年）敕额"华林寺"（图 5-9-3）。殿面阔 3 间，进深 4 间，平面近方形，单檐九脊顶，高约 15 米。结构为八架椽屋前后乳栿用四柱，内外柱不同高，乳栿内侧插入内柱，下用两跳丁头栱。柱身为上下卷杀梭柱。前一间原为廊，后三间为室内。前廊内有用斗栱承平闇痕迹，阑额上刻团窠图案。室内为彻上明造。后乳栿与后内额上用了线条优美的云形驼峰（图 5-9-4）。

图 5-9-4 华林寺大殿内景（黄文镐 摄）

外檐用七铺作双杪双昂斗栱，栱断面高 32 厘米，昂嘴为混枭曲线，两山柱头铺作里转用连续五跳偷心华栱承长达 8 米下昂，昂尾抵山面中平槫下。殿前檐当心间用双补间，两次间用单补间，后檐与两山檐下不用补间。殿内乳栿、四椽栿与平梁为月梁，造型圆润饱满。这种月梁在韩国12世纪浮石寺与日本镰仓时代大佛样建筑中有发现。三者中，以华林寺最为古老。

建于北宋大中祥符六年（1013年）的宁波保国寺大殿呈前后不对称格局，属"八架椽屋三椽栿对乳栿用四柱"草架式样，殿内前部空间弘敞，佛座所处空间，仅三个椽架。外檐用七铺作双杪双昂斗栱。当心间用双补间，次间单补间。栱断面高度21.75厘米，相当于宋《营造法式》三等材（图5-9-5）。

两山斗栱用昂长5.6米，昂尾直伸中平榑下，昂下用八铺作出五跳偷心斗栱，与华林寺大殿做法相同。内檐前部当心间与两次间各用一组藻井，在方形井口状平棊方处置抹角方，呈一八角井状，其上再出两跳华栱及令栱承圆形藻井，内用八根弧形角梁，交会于藻井顶端，弧形角梁上用圆环形木方，整个藻井造型简洁、疏朗（图5-9-6）。

图5-9-6 保国寺大雄宝殿内景

图5-9-5 宁波保国寺大雄宝殿外观

第十节 苏州玄妙观三清殿

江南地区保存不多的几座宋代木构殿堂中，苏州玄妙观大殿规模最为宏伟。观始建于西晋咸宁二年（276年），原名"真庆观"。唐称"开元宫"，宋称"天庆观"。靖康之乱后，观遭焚毁。南宋时又经重建，初保留"天庆观"额，元代至元年间，改额"玄妙观"。宋元以后，玄妙观主殿三清殿屡有修葺，但主要结构仍为南宋原构（图5-10-1）。

三清殿面阔9间，长约43米，进深6间，宽约25米，用周匝副阶，殿身广7间，深4间，重檐九脊顶，副阶廊与殿身合为一个空间，殿内十分弘敞。殿身内有三排柱，使平面柱网中每一柱位，都有柱子（图5-10-2）。

玄妙观外观，因曾遭雷火，已为后世所改，外观有后世建筑风韵，如屋檐、角翘，及殿身上

图5-10-1 苏州玄妙观三清殿

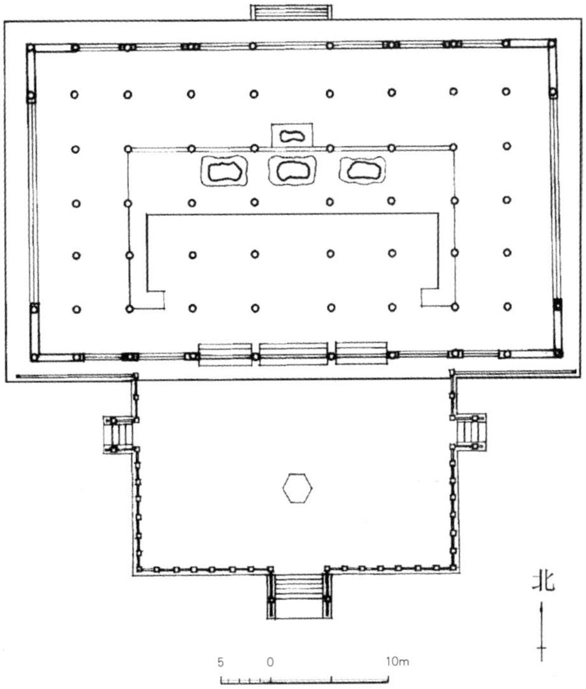

图 5-10-2 玄妙观三清殿平面图

图 5-10-3 玄妙观三清殿内景（李若水 摄）

部梁架处理，都像明清时代南方建筑做法。但主要柱梁、斗栱，仍保留南宋风格（图 5-10-3）。

玄妙观上檐用七铺作双杪双昂斗栱，但昂为假昂，里转为华栱。这种做法在元以后，特别是明清官式建筑斗栱中，已成惯例，反映了三清殿在结构与斗栱处理上，上承唐宋，下启明清的特征（图 5-10-4）。

图 5-10-4 玄妙观三清殿斗栱细部（李若水　摄）

图 5-10-5 三清殿内檐斗栱细部（李若水　摄）

　　三清殿内檐斗栱中，十分难得地保留了宋《营造法式》中提到的上昂做法。在殿身上檐内檐中间四缝的补间铺作，及殿身后柱内檐转角铺作，都使用了上昂及与上昂做法相关联的鞾楔，从而为我们完整了解宋《营造法式》斗栱体系，提供了一个重要补充。

　　殿下檐斗栱为四铺作出单昂，昂下用华头子，里转为一跳华栱，上用斗承鞾楔，承托其上昂身，表现为下昂与上昂结合式处理。下昂昂尾直伸下平槫处，并处理成挑斡形式。外檐昂上用斗承令栱与耍头相交，仍是宋代斗栱处理方式（图5-10-5）。

　　玄妙观三清殿不仅保存了一座南宋大型木构殿堂宝贵实例，亦以其特殊斗栱形制，保存了一个可以证实古代木结构从唐宋辽金时代向元明清时代转变时期，起到承上启下作用的重要实证。

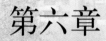

第六章
金都寺观元都城

第一节　金中都及岩山寺中的宫殿图

第二节　山西大同善化寺三圣殿与普贤阁

第三节　山西五台佛光寺文殊殿

第四节　山西朔州崇福寺弥陀殿

第五节　正定广惠寺华塔

第六节　元大都及其宫殿建筑

第七节　北京妙应寺白塔

第八节　曲阳北岳庙德宁殿

第九节　北京居庸关云台

第十节　山西芮城永乐宫

人们往往会用金元文化，来指代这一时期北方建筑与艺术。金元两代，以幽燕地区为政治文化中心。金代在燕山之麓建造了当时北方地区的中心——金中都，元大都不仅是紧邻金中都而建的大都会，而且，还沿用金人离宫，将离宫变成元蒙帝国大内与皇家苑囿的位置所在。可以推定，刚刚从游牧文化中走出来的元蒙统治者，受到了金代建筑、艺术与文化熏陶。如元上都宫廷正殿大安阁，是将金代汴梁城中北宋时代建造的一座木构楼阁——熙春阁，直接迁移到北地上都重新建造的。这也说明元代统治者对于这座代表宋、金文化特征的大型木构殿阁有着特别的青睐。

金代建筑在形式上，既有宋代建筑遗韵，又因其放浪形骸、不拘一格的艺术旨趣，表现为与元代建筑递相承续的关联性。如金代木构建筑，多用减柱与移柱做法，元代木构建筑实例中，这一做法也较多见。金代建筑用料，往往不加修斫，以其原木的自然弯曲，表现一种自由放浪意味。而元代木构建筑中，也多表现同样艺术旨趣。比较起来，虽说元代建筑上承宋金，下启明清，但从建筑造型、斗栱处理、装饰细部来观察，元代建筑似与金代建筑更为接近。

第一节　金中都及岩山寺中的宫殿图

金中都在辽南京基础上扩建而成，与北宋汴梁一样，中都为三套方城格局。位于中心的是宫城，之外是皇城，宫城内西部与皇城内西部，凿有池沼，形成宫苑结合格局。宫城正门为应天门，门内依序有大安门、大安殿、仁政殿、昭明殿、

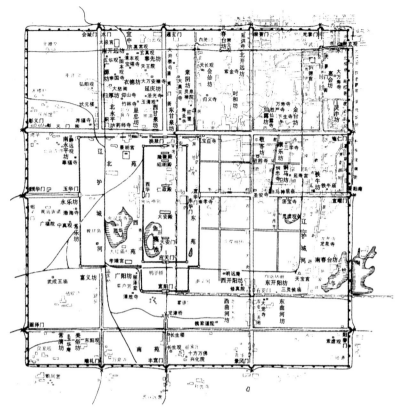

图 6-1-1　金中都复原平面图

隆徽殿等。北门为拱宸门，东门与西门分别为东华门与西华门（图 6-1-1）。

外城南门为丰宜门，皇城南门为宣阳门，两门间除街道外，还有一座龙津桥，使城市中轴线得以加强。皇城东西两侧，为宣华门与玉华门。宫城之外，皇城之内布置中央衙署。

城平面略近方形，四周各有三座门，东为施仁、宣曜、阳春；西为彰义、颢华、丽泽；北为会城、通玄、崇智；南为端礼、丰宜、景风。南北城垣上的门与东西城垣上的门之间各有直路相接。

中都宫殿模仿北宋汴梁宫殿而建，内分东、中、西三路。东路为太子东宫与太后寿康宫，西

图 6-1-2 繁峙岩山寺壁画线描图之一

(a)

图 6-1-3 繁峙岩山寺壁画线描图之二

(b)

路为皇宫内苑及嫔妃寝宫，中路为皇帝布政、起居之所，为前朝后寝制度。外朝依序为应天门、大安门，及由大殿、穿堂与香阁组成的大安殿建筑群；其后常朝正殿为仁政殿，前为仁政门。中路最后是内寝，分别为皇帝正寝昭明殿与皇后正寝隆徽殿。中都大内宫城刻意采用了"九里三十步"周回长度，寓意其统治长治久安、圆融通达。

　　山西繁峙岩山寺南殿东、西两壁上的金代壁画描绘的是一些宫殿建筑。从图中看，这组建筑群，堂殿重重，门阁迭起，前有如午门一样的五

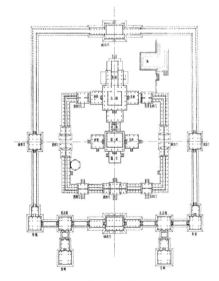

图 6-1-4 根据壁画还原的平面想象图

凤楼，楼后一道门，内为工字形平面大殿、穿堂及香阁，两侧为庑房及侧门。与宋人徐梦莘所撰《三朝北盟会编》中有关金中都宫殿"殿凡九重，殿三十有六，门阁倍之"的记载相吻合（图6-1-2，图6-1-3）。

据今人研究，岩山寺壁画领衔画匠属金少府监图画署，壁画完成于中都宫殿建成14年后。壁画作者有可能熟悉并参照了中都宫殿空间格局与建筑造型。这些壁画在一定程度上反映了金中都宫殿基本空间格局与建筑特征（图6-1-4）。

第二节　山西大同善化寺三圣殿与普贤阁

大同善化寺是目前保存最完整的辽金寺院。寺坐北朝南，沿中轴线布置山门、三圣殿与大雄殿。三圣殿之西有一座二层楼阁，称普贤阁，与其对应的寺院左侧，亦应有一座造型相仿的文殊阁（图6-2-1）。

大雄殿为辽代遗构，面阔7开间，单檐五脊顶。檐下用六铺作双杪单昂斗栱。当心间与次间，各单

图6-2-1　大同善化寺外观

图6-2-2　善化寺大雄宝殿外观

图 6-2-3 善化寺大殿内景

补间，檐下斗栱疏朗、大方（图 6-2-2）。殿内佛像为辽塑（图 6-2-3）。大殿坐落在一个高约 3 米的台基上，殿前有月台，月台两侧有后世所建亭子。

三圣殿是一座 3 开间金代大殿，殿内供奉华严三圣：如来、文殊、普贤（图 6-2-4）。殿外檐柱头铺作与当心间及梢间补间铺作，用六铺作单杪双昂，但补间铺作为昂尾直抵下平槫下的真昂，而柱头铺作却用假昂。此外，三圣殿次间补间，用了两组十分硕大而有斜栱的铺作，是造型与结构最为复杂的金代斗栱实例（图 6-2-5）。

三圣殿屋顶举折陡峻高耸。一般说来，古代建筑屋顶举折，有一个由较为平缓，向较为高峻的发展过程。从现存木构实例看，唐代尚存几座木构大殿，屋顶举折曲线十分低缓，明清木构建筑，屋顶曲线渐趋陡峻。而三圣殿屋顶举折曲线，甚至比清代屋顶还要陡峻。正是这奇特的补间斗栱与陡峻的屋顶曲线，使三圣殿成为一座辽金时代不可多得、独具一格的建筑案例。

图 6-2-4 善化寺三圣殿外观

图 6-2-5 善化寺三圣殿外檐次间补间铺作斗栱细部（黄文镐）

图 6-2-6 善化寺山门外观

图 6-2-7 善化寺普贤阁外观

山门位于寺院南端，为 3 开间，是一座金代木构建筑。因屋顶略显陡高，其形制比蓟县独乐寺山门显得稍加晚近，但其檐下每间均用单补间的斗栱处理，使这座建筑在风格上仍显疏朗、大方（图 6-2-6）。

寺内最具特色的建筑物是金代遗构普贤阁。阁为二层，3 开间，上层楼阁坐落在首层屋檐上的平坐上。屋顶为九脊厦两头造，整座楼阁显得端庄、挺拔。虽是一座金代楼阁，但其造型似更接近辽代风格，气韵上与建于 984 年的蓟县独乐寺观音阁有异曲同工之妙，带有某种古拙、厚重意味（图 6-2-7）。

第三节 山西五台佛光寺文殊殿

佛光寺内除唐代所建大殿外，还有一座金代遗构——文殊殿。文殊信仰在五台地区具有特殊意义，正是在对代表知识与智慧的文殊师利菩萨信仰的历史热潮下，五台山渐渐成为中国古代四大菩萨道场之一的文殊菩萨道场。

佛光寺大殿前北配殿文殊殿建于金天会十五年（1137 年），殿面阔 7 间，进深 4 间，单檐悬山顶（图 6-3-1）。因其为悬山顶，造型朴实古雅，与其所处配殿位置十分相称。大殿前立面中，除当心间与左右次间用版门外，左右两梢间则在槛墙上设直棂窗，左右尽间及两山与后墙用厚实墙体，仅在后墙当心间开了一道门（图 6-3-2）。

文殊殿最令人惊异特点是殿内几乎空旷无柱，只在前内柱缝上，设置两根内柱，后内柱缝佛台两侧也设置了两根柱子，以构成佛座背屏。前后内柱缝柱子并不对位。由于两根后内柱与佛座合为一体，室内明显可见仅有两柱，这种处理显然采用了金代建筑中常用的"减柱造"式手法

图 6-3-1 佛光寺文殊殿外观（李若水 摄）

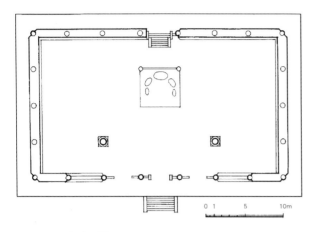

图 6-3-2 文殊殿平面图

图 6-3-5 文殊殿外檐斗栱细部（李若水 摄）

图 6-3-3 文殊殿内景（辛惠园 摄）

（图 6-3-3）。其结构之大胆，手法之简约，是其前唐辽建筑与其后明清建筑中都罕见的。

　　文殊殿外檐用五铺作单杪单昂斗栱，但在与令栱相交的耍头处，用了与山西朔州崇福寺外檐斗栱相同的批竹昂式耍头，从而在外观上，显示为单杪、双昂式样。这种将耍头处理成昂形造型，使之看起来更像是高一个铺作等级的做法，应是金代木构建筑中常用手法（图 6-3-4）。

图 6-3-4 文殊殿正立面图

斗栱处理上的另一个巧妙做法，是将檐柱与内柱间的乳栿外端直接伸到橑风槫处，并伸出槫外，雕斫成一个云头造型，很像从令栱处出头的要头，从而巧妙地解决了将要头改为昂头造型而不用正常要头的问题。

文殊殿外檐斗栱，在柱头铺作第一跳华栱跳头上使用翼形栱，在补间铺作中使用斜栱，而在柱头斗栱第一跳华栱跳头上仅使用翼形栱而无斜栱（图6-3-5）。这种将柱头铺作与补间铺作做不同结构与造型处理的方式，反映了金代建筑在艺术上的放浪无羁与不拘一格。

第四节　山西朔州崇福寺弥陀殿

山西朔州崇福寺始创于唐代，寺内主要建筑，如大雄殿、文殊堂、地藏堂、千佛楼、钟、鼓楼是明代建筑，所幸寺中还保留两座金代遗构——弥陀殿与观音殿（图6-4-1）。弥陀殿建于金皇统三年（1143年），是现存规模较大的金代单檐木构殿堂。殿面广7间，长41.32米，进深4间，宽22.7米，单檐九脊顶（图6-4-2）。殿内采用移柱造与减柱造。殿平面略似宋《营造法式》"金箱斗底槽"格局，但却将殿内前排柱子中间两根

图6-4-1 朔州崇福寺外观（青榆　王昊　摄）

图 6-4-2 崇福寺弥陀殿外观（李若水 摄）

图 6-4-3 弥陀殿内景（李若水 摄）

向左右移动，这样既减少了两根柱子以节约材料，也使殿内前部礼佛空间显得开阔（图 6-4-3）。

经过移柱处理后的大殿梁架，在檐柱与前内柱交接上比较复杂，金代工匠，在构架中大胆采用"前丁栿，后乳栿"做法，即在后檐柱与后内柱之间使用乳栿，并使乳栿尾部插入内柱柱身，而在殿内前部，由于檐柱与内柱不对位，檐柱与前内柱间的两椽栿直接搭置在前内柱内额上，形成典型"丁栿"形式。在殿内前部丁栿与后部乳栿之上，又各用驼峰、斗子承接上部劄牵，既保证上部梁架规整、严密，也与下部柱子与内额有恰当交接，保证了结构的稳固。

图 6-4-4 弥陀殿外檐斗栱细部（李若水 摄）

弥陀殿柱头斗栱，为七铺作双杪双昂单栱造；补间斗栱，为七铺作出四杪，隔跳偷心做法。外檐柱头铺作与令栱相交的耍头，处理成昂头形式，使原本为七铺作双杪双昂斗栱，外观很像八铺作双杪三昂形式。同时，由于使用斜栱，使逐间使用单补间，原本应显疏朗、明快的崇福寺，反而显出几分细密与繁缛效果（图6-4-4）。而这种以细密与繁缛表达的奢丽感，是金代建筑特别追求的。

弥陀殿门窗格扇，采用多种不同格扇心纹样，如四斜毬纹、四斜毬纹嵌十字花、方米字格、三交六椀花等9种纹样。这些不同花纹格扇心，被组织成两两对称形式，使弥陀殿门窗装饰在多样变化中，保持了某种秩序感与对称感。这种在一座建筑物门窗格扇中使用多种纹样做法，反映了金代建筑特有的艺术特征（图6-4-5）。

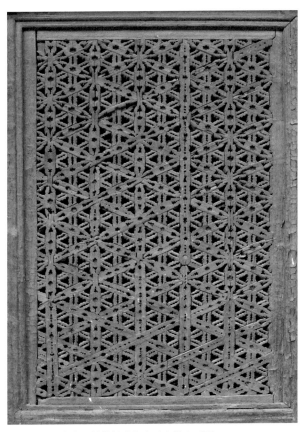

图6-4-5 弥陀殿前檐格扇细部（李若水 摄）

第五节　正定广惠寺华塔

唐辽宋金北方佛寺中，出现一种造型奇异华丽的佛塔，称为华塔，又称花塔。这种塔的特点是塔身上有各种奇异的高浮雕，塔基座也呈较复杂造型。河北正定广惠寺华塔是这一时期华塔中具代表性的一个例子（图6-5-1）。

据明万历年间《重修华塔记》，广惠寺塔初创于十六国时期的石赵，唐代曾有修葺，金皇统年间遭毁圮，金大定年间（1162—1189年）重建。但在当代学者研究中，曾在第二层回廊壁龛一处表皮剥落的底层彩画中，发现北宋太平兴国四年（979年）的游人题记，由此推测华塔可能建于北宋[1]，金大定间似仅重修了塔身上部（图6-5-2）。

从建筑风格看，华塔上部塔身，除各种塔形佛龛外，还有各种动物，如狮子、象等高浮雕。这种做法似乎与金人不拘一格、放浪无羁的艺术情趣更相吻合。塔下部有三层塔身，为仿木亭阁形象，第一层在四角各有一座六边形单檐小塔，四个正方向正中设砖砌券门。塔身第二层为八角形，每面三开间，四个正方向当心间开门，其余方向设假窗。其上设平坐，平坐上为第三层塔身，仍为八角形，每面设一间，八个角各有转角倚柱（图6-5-3）。

第四层塔身较高，其上充满浮雕，包括有力士、须弥座、仰莲花瓣，及小塔造型，小塔之间雕有狮子、象等动物，但塔身轮廓却很像后世喇嘛塔上部如窣堵坡状高筒覆钵造型形式（图

1　郭黛姮.中国古代建筑史.第三卷.宋、辽、金、西夏建筑.第495页.中国建筑工业出版社.2003年

图 6-5-1 正定广惠寺华塔（李若水 摄）

图 6-5-2　正定广惠寺华塔（20 世纪 30 年代老照片）

图 6-5-3　广惠寺华塔细部（倚柱）（李若水　摄）

图 6-5-4　广惠寺华塔细部（塔身雕刻）（李若水　摄）

图 6-5-5 河北曲阳华塔外观

6-5-4）。在覆钵式造型塔身上部，是一个八角攒尖式屋顶。屋顶上原为塔刹，由于岁月久远，塔刹已毁圮不存。

类似的华塔在河北曲阳县城郊附近也有发现，只是造型上稍加简化，在一个独立高耸的八角塔身上，满布如单层佛塔式浮雕佛龛，远看与广惠寺华塔上部塔身十分相像（图 6-5-5）。只是这种造型奇特的佛塔，主要出现在宋、金时代，其他朝代佛塔遗存中，似乎找不到类似佛塔形式。由此或也可以看出，宋、金时人在造型上追求繁缛与奇丽的艺术情趣。

第六节　元大都及其宫殿建筑

元大都利用金代旧有离宫山水体系，形成了独特城市山林效果，外城轮廓与这一水系有千丝万缕联系，如外城西廓，恰好是原积水潭水体西端，城市中轴线沿积水潭东岸布置，城东西宽度，约是积水潭东西两端垂直距离的两倍。这应是一种刻意规划结果（图 6-6-1）。

大都城一改宋辽金都城将皇城与宫城置于外城中心做法，将皇城与宫城推到整座城市前部，宫城南门与皇城南门相接，皇城南门，通过千步廊直抵外郭都城正门，这等于将宫城置于了城市中轴线最前端。

大都宫城正门为崇天门，门前两侧设阙楼，阙楼与崇天门之间有廊相接，阙楼旁出十字角楼，高下三级，错落有致。宫城内主要建筑分南北两部分，南为前朝，北为后寝。前朝正殿为大明殿，大明殿又有朝、寝两层空间。殿呈工字形平面，前殿面广 11 间，后殿面广 5 间，中间用 7 间穿堂联系。寝殿后又接香阁 3 间。前殿、穿堂、寝殿与香阁，坐落在汉白玉栏杆三层基座上。在前殿之后，工字平面两翼，对称布置两座配殿：文思殿与紫檀殿。大明殿前有三门，分别为大明、日精与月华。两侧又各有门，西为麟瑞，东为凤仪。殿后回廊中间未设门，两侧则分别设景福与嘉庆二门（图 6-6-2）。

宫城后半是坐落在三层汉白玉栏杆台基上的工字形殿阁——延春阁。阁前正门为延春门。门前用横街，将延春阁与大明殿分开。延春阁前殿是一座外观三层檐二层楼阁，后以穿廊将寝殿、

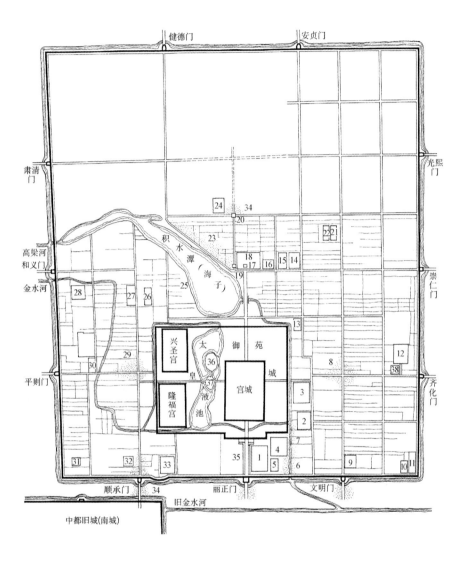

图6-6-1 元大都平面复原图

1. 中书省
2. 御史台
3. 枢密院
4. 太仓
5. 光禄寺
6. 省东市
7. 角市
8. 东市
9. 哈达王府
10. 礼都
11. 太史院
12. 太庙
13. 天师府
14. 都府
　　（大都路总管府）
15. 警巡二院
　　（左、右城警巡院）
16. 崇仁倒钞库
17. 中心阁
18. 大天寿万宁寺
19. 鼓楼
20. 钟楼
21. 孔庙
22. 国子监
23. 斜街市
24. 翰林院国史馆
　　（旧中书省）
25. 万春园
26. 大崇国寺
27. 大承华普庆寺
28. 社稷坛
29. 西市（羊角市）
30. 大圣寿万安寺
31. 都城隍庙
32. 倒钞库
33. 大庆寿寺
34. 穷汉寺
35. 千步廊
36. 琼华岛
37. 圆坻
38. 诸王昌童府

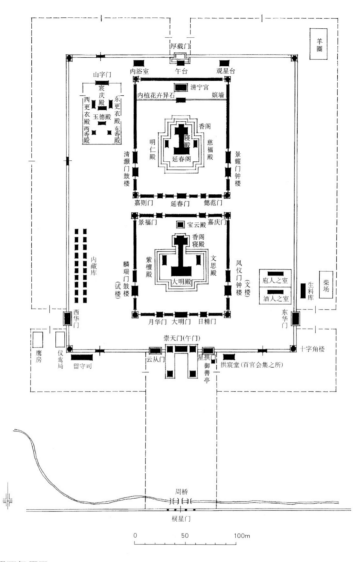

图 6-6-2 元大都大内宫城平面复原图

挟屋与香阁联在一起。寝殿两侧分峙慈福、明仁两座配殿。延春门西为嘉则门，东为懿范门。阁后通过一道墙与门，将嫔妃居住的清宁宫与延春阁庭院隔开。清宁宫前后绕以廊庑，可以与延春阁相接，清宁宫正殿后另有长庑，可供嫔妃居住。

大明殿与延春阁主要殿堂前，分设钟、鼓楼，形成独特空间格局。宫城北端为厚载门，门上有高阁，阁上凌空环架楼梯，有如飞桥形式。阁前设舞台。这里既是门殿，也是一个观演场所。厚载门前两侧分别为观星台与浴室（图 6-6-3）。

除大内宫城之外，大都城皇城以内，还有位于大内西侧太液池西岸的隆福宫，及隆福宫以北的兴圣宫（图 6-6-4）。隆福宫主殿光天殿与兴圣宫主殿兴圣殿都采用了工字殿形式。

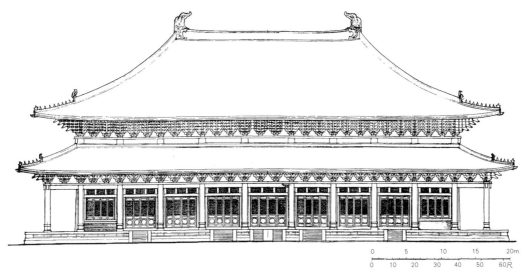

图 6-6-3 大明殿立面复原图

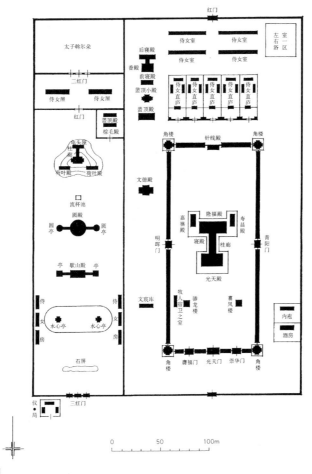

图 6-6-4 隆福宫平面复原图

第七节　北京妙应寺白塔

图 6-7-1　妙应寺白塔外观（辛惠园　摄）

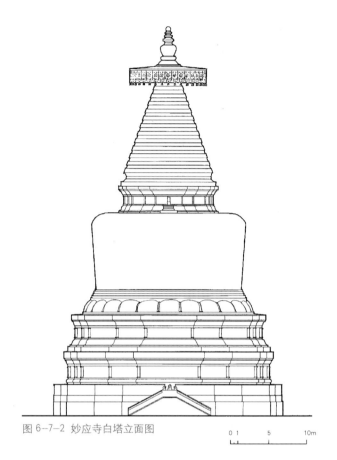

图 6-7-2　妙应寺白塔立面图

0 1　　5　　　　10m

　　建于元代的妙应寺白塔是老北京城内天际线的一个重要标志，那凌空而起的姿态，洁白如玉的色调，在北京湛蓝色天空及周围四合院灰色瓦顶与绿色树木映衬下，显得格外引人瞩目（图6-7-1）。

　　妙应寺塔是一座藏传佛教喇嘛塔。藏传佛教，可以追溯到公元7到9世纪吐蕃王朝时期，元代时渐渐影响到汉地。藏传佛教佛塔典型形式，除窣堵坡式喇嘛塔之外，还有金刚宝座塔。妙应寺白塔则是喇嘛塔形式中造型最古朴敦厚的一座（图6-7-2）。

　　妙应寺塔的设计与建造者是尼泊尔工匠阿尼哥（1243—1305年）。与阿尼哥有联系的喇嘛塔除了妙应寺塔之外，还有著名的五台山白塔（图6-7-3）。只是五台山白塔经过明永乐、万历年间两次大规模重修，比较妙应寺白塔，制度上似乎略显晚近。

　　塔基座部分平面为喇嘛塔中常见"亞"字形，基座三层，上两层呈须弥座形式，上承塔身主体，塔覆钵部分的平面呈圆形，其下为覆莲，其上又用了一层"亞"字平面须弥座，承托上部相轮、伞盖与宝瓶。塔身通体高度达到50.9米。

图 6-7-3 五台山塔院寺白塔外观

据当代学者的研究，妙应寺塔这种与印度窣堵坡形式大相径庭的造型，源于一种用于贮水，并随身用来洗手的瓶子，称为"军持"。元世祖至元年间由如意祥迈长老奉敕撰写的《圣旨特建释迦舍利灵通之塔碑文》中，提到了白塔"取军持之像"。[1]

元以后，如妙应寺塔形式的喇嘛塔在藏传佛教寺院中多有建造，除五台山大塔院寺白塔外，

最著名者有西藏日喀则江孜县白居寺大菩提塔（图 6-7-4）。不同点是，白居寺塔有内部空间，在一个巨大塔心之外，环绕一些礼佛空间，很像汉地佛寺中楼阁式塔意味。清代所建北京皇家御苑北海琼华岛山顶上的白塔，也取喇嘛塔形式，这座喇嘛塔与妙应寺白塔交相辉映，为北京城的天际线平添几分优雅与神秘意味。

---

1 宿白《元大都〈圣旨特建释迦舍利灵通之塔碑文〉校注》.《文物》.1963年第1期.参见《中国古代建筑史》.第四卷. 元、明建筑.潘谷西主编.中国建筑工业出版社.2001年

图 6-7-4 江孜县白居寺塔外观

第八节　曲阳北岳庙德宁殿

　　岳庙建筑是古代自然崇拜的体现，将中国圣山分为五岳并加以官方祭祀做法，始自秦汉。元明时已将五岳确定为东岳泰山、中岳嵩山、西岳华山、北岳恒山与南岳衡山，且东岳、中岳与西岳的庙祀位置，也没有太大变迁。

　　北岳祭祀对象在历史上有过几次变化，北岳庙也发生过地域上的变化。元以前的北岳庙被认为是位于河北曲阳以北太行山脉中的大茂山。清代人则将北岳祭祀迁移到北京西北方向的恒山，并在恒山建造了北岳庙（图 6-8-1）。

　　在曲阳县建立北岳庙，并进行官方祭祀，始自北魏时代。唐宋时沿袭这一祭祀地点。元至正八年（1271 年）北岳庙有过一次重建，现存曲阳北岳庙正殿德阳殿是这次重建的遗构。明嘉靖

图 6-8-1 浑源恒山北岳庙外观（辛惠园 摄）

十四年（1535 年）又有过一次重建，北岳庙内尚存《大明庙图》记录了这次修建后的岳庙建筑概况。

明代北岳庙几乎占据曲阳城内一半面积，岳庙最南端的门，同时也是县城外郭临漪门。门内有牌坊，后为岳庙正门。门内是一进较狭长院落，中间立有一座三重檐子的八角亭，称御香亭。亭后一道门为凌霄门。凌霄门内是一个很大的长方形院落，沿中轴线布置有三山门、飞石殿，和正殿德宁殿。其中的飞石殿，是为纪念传说中唐贞观年间曾有飞石坠落此地而建的，这也为北岳庙增加几分神秘氛围。正殿德宁殿前两侧，分设圣母祠、药王祠、钟、鼓楼及东、西朝房等建筑。

图 6-8-2 曲阳北岳庙德宁殿外观（李若水 摄）

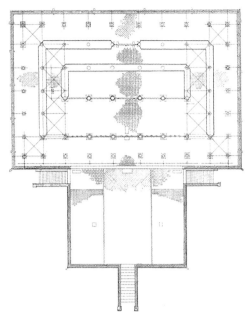

图 6-8-3 曲阳北岳庙德宁殿平面图

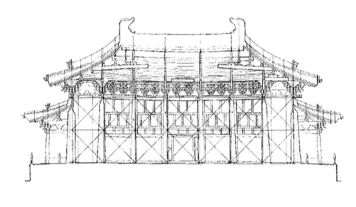

图 6-8-4 曲阳北岳庙德宁殿纵剖面图

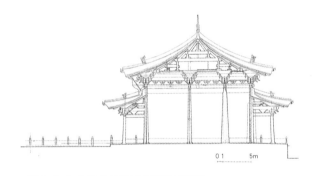

图 6-8-5 曲阳北岳庙德宁殿横剖面图

　　元代遗构德宁殿，殿身面阔 7 间，进深 4 间，因有周匝副阶，总面阔 9 间，总进深 6 间，用重檐庑殿顶，身内双槽，但身内前排内柱与山面柱不对位，而是布置在比山面中柱缝稍向前的位置上。这使得由三面厚墙围绕的殿内神座空间，显得比较宽敞，似是出于空间布置，而采取的移柱造做法。德宁殿前月台，提供了很好的礼拜空间（图 6-8-2）。

　　德宁殿上檐柱头斗栱用六铺作单杪双昂，下檐副阶柱头用五铺作出双昂，恰与宋《营造法式》副阶斗栱减殿身一铺的规定相合。而上檐斗栱使用真昂，下檐斗栱中却使用假昂，正表现金元间中国木构建筑斗栱的过渡性特征（图 6-8-3 ~ 图 6-8-5）。

第九节 北京居庸关云台

　　过街塔是元代创造的一种将跨越交通要道的门阙建筑与宗教礼祀性佛塔建筑合为一体的建筑类型，反映的是藏传佛教中的信念：信佛之人，如在佛塔下通过，相当于对佛塔进行了一次礼拜。这对于那些向佛心切、历经艰辛的路人，是一种心灵上的救赎。过街塔还提供了一种地标性建筑特征，使远行之人有一种企盼目标。

　　随岁月迁移，尚存元代过街塔不多，除了江苏镇江云台山过街塔外，规模较宏巨的只有北京居庸关云台。江苏镇江云台山过街塔，因经过明代修葺，保存尚好。塔位于一条小街上，塔下为石砌过街门券洞，并形成塔的基座。上部坐落一座石筑喇嘛塔（图6-9-1）。

　　北京居庸关云台，原是一座过街塔，最初形式是在巨大如城门台座上，矗立三座喇嘛塔。塔

图6-9-1 镇江云台山过街塔外观（万幼楠 摄）

图6-9-2 居庸关云台外观

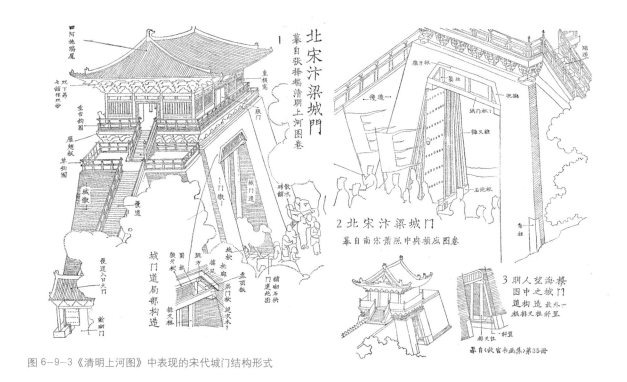

图 6-9-3 《清明上河图》中表现的宋代城门结构形式

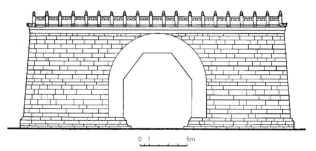

图 6-9-4 居庸关云台立面图

图 6-9-5 居庸关云台内壁浮雕

建于元至正二年（1342年），元末明初的一次地震中，上部三座塔身遭到毁圮，仅余这座城门式台基。在远行之人眼中，城门状台基高踞半山之上，如在云端，故称"云台"（图6-9-2）。

云台用青灰色石头砌筑，台高9.5米，基底东西长20.84米，南北深17.57米，门洞宽约7米余，门券高近8米，俨然一座巨大的城门建筑。其门券轮廓为梯形，券外有一圈浮雕，浮雕边际为半圆拱券，正反映金元之际城门结构的变化。宋代城门是在门洞内通过石地栿上所置排叉柱子支撑的梯形木架支撑上部洞顶（图6-9-3）；明清时代，随砖石拱券技术提高，城门过街洞口改为砖砌半圆拱券洞口。云台的梯形拱券洞口，体现了宋代木构城门洞口向明清砖砌半圆拱券洞口的过渡性特征（图6-9-4）。

在这座过街塔台座券石与券洞内壁上，还有丰富雕刻，包括天神、金翅鸟等喇嘛教题材，及云、龙纹饰等雕刻。重要的是，其中还雕有包括汉、藏及西夏文在内的六种文字的经文，反映了元帝国疆域的广阔与文化的包容。这些雕刻是现存元代石刻艺术中的精品（图6-9-5）。

第十节　山西芮城永乐宫

元代道教以全真与正一两派势力与影响为大，正一派尊道教创始人张道陵为"正一天师"，以符箓念咒、祈福攘灾为主要宗教内容。全真派始自金代道士王喆（号重阳），他将儒家思想、道家经典与佛教理念综合为一，主张儒、释、道相通，认为修道之本在修心，应以除情却欲为要。

图6-10-1　芮城永乐宫入口无极门外观（李若水　摄）

永乐宫是一组元代道教全真派宫观建筑群，据传其原宫址是唐代道士吕洞宾出生地。唐时改其故宅为"吕公祠"。金末改祠为观，元代升观为宫，号"大纯阳万寿宫"。据元代碑记，元时建筑有十余区之多。现存永乐宫中元代遗构仅存沿中轴线布置的几座殿堂。

永乐宫正门无极门，又称龙虎殿，供奉青龙、白虎二神。门内一个空旷的庭院，布置着三清殿，又称无极殿。三清殿后，依序布置有供奉吕洞宾的纯阳殿，供奉王重阳的重阳殿（又称七真殿，供奉道教全真七子），及供奉元代道教真人邱处机的邱祖殿。其中除邱祖殿已毁，仅留遗址外，其余几座元代殿堂尚存完好。无极门前有一道清代重建的外宫门（图6-10-1）。

主殿三清殿为单檐庑殿建筑，正脊因推山小而显较短，屋顶曲线简率、刚劲而有弹性，不像明清屋顶那样柔曲（图6-10-2）。檐下用六铺作出双杪斗栱，因材分较小，除尽间用单补间外，均为双补间，使立面在繁丽中略显疏朗。经过刻

图 6-10-2 永乐宫三清殿外观（李若水 摄）

图 6-10-4 三清殿内壁画（局部）（CFP）

图 6-10-3 三清殿外檐斗栱细部（李若水 摄）

图 6-10-5 永乐宫纯阳殿外观（李若水 摄）

意设计的屋顶脊饰，也在简素中，透出几分华美（图6-10-3）。

永乐宫尚存四座殿堂中保存有珍贵元代壁画。三清殿内壁画气势恢弘，主题为"朝元图"，表现众神朝谒元始天尊场景。人物形象有286个，其中南极、东极、紫微、玉皇、后土、勾陈、木公、金母8个道教主神，表现为以帝王装束的高大身形，处在构图主要位置（图6-10-4）。

纯阳殿与重阳殿中壁画，以吕洞宾、王重阳传说故事为主，表现人物、生活场景，对建筑、城市与园林也多有描绘，兼有绘画艺术、建筑史与社会史价值（图6-10-5）。此外，永乐宫建筑构件上所绘彩画，基本保持了原构彩画特征，可以作为研究古代建筑彩画从宋向明清过渡的重要实例。

第七章
大明天子金銮殿

第一节　明代北京城

第二节　武当山道教宫观

第三节　十三陵长陵棱恩殿

第四节　西安钟楼与聊城光岳楼

第五节　北京智化寺与法海寺

第六节　青海瞿昙寺

第七节　明清江南私家园林

第八节　山西洪洞县广胜上寺飞虹塔

第九节　山西运城万荣东岳庙飞云楼

第十节　岱庙天贶殿与西岳庙灏灵殿

始于 1368 年终至 1644 年的明王朝，与欧洲文艺复兴从萌发到鼎盛之时大约同期。与文艺复兴相似之处还在于，明代也是一个制度重建时代。两者间有一个相同点，欧洲文艺复兴要复兴古代希腊与罗马文化，而明王朝要恢复中古时代的唐宋文化。

明代兴起的建城运动，既是对在元末战争中所摧毁城市的一次复兴，也是对从京城，到地方府、州、县城市的一次重建。这一运动不仅将旧有土筑城池，几乎全部建成砖甃城池，且健全了城门楼橹与街道体系。明代城市中的衙署、孔庙、儒学、坛壝等建筑，都遵循一种等级化系列并加以完善。明代江南私家园林、明代琉璃塔、明代万里长城，都是中国古代建筑史上前所未有的艺术与技术成就。

清代城市、宫殿、寺观、祠庙与坛壝，无一不是从明代既有建筑制度基础上沿袭下来的。明代的北京城与南京城被清代所沿用；明代的紫禁城，成为大清皇帝宫殿的胚形。尚存的明代城市、祠庙、寺观，也成为清代建筑的遗范。这就是明代建筑的历史，明代建筑遗存可能并不那么令人感到惊奇，但明代所确立的城市、宫殿、寺观、祠庙、坛壝等建筑制度，却一直延续到 20 世纪之初。

第一节　明代北京城

为恢复唐宋古制，抵御来自北方与海上边患，明代经历了一场大规模建城运动。现存清代旧城中 90% 以上，是在明代重建或新建，明代又多以砖甃城墙为主，并建造了中都、南京、北京三座都城（图 7-1-1，图 7-1-2）。

明北京城，是在元大都基础上建造的。明洪武元年（1368 年），攻占大都城后，改称北平府，并将旧有北城城垣向南迁移约 2.8 公里，又将城之南垣向南推移约 0.8 公里，形成后来北京内城轮廓（图 7-1-3）。

1. 太角	8. 通政司	15. 大报恩寺
2. 社稷	9. 钦天监	16. 大理寺、五军断事官署、
3. 翰林院	10. 山川坛	审刑司
4. 太医院	11. 先农坛	17. 刑部
5. 鸿胪寺	12. 净觉寺	18. 都察院
6. 会同馆	13. 吴天府	19. 黄册库
7. 乌蛮驿	14. 应天府学	20. 市楼

图 7-1-1 明南京城平面示意图

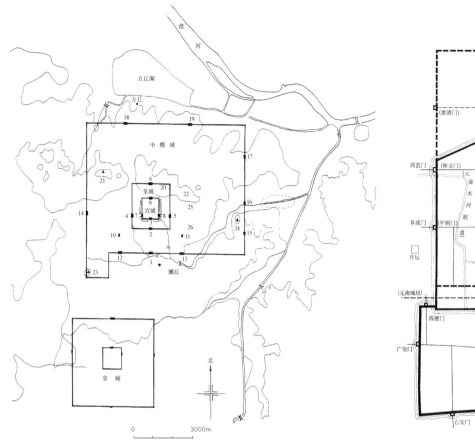

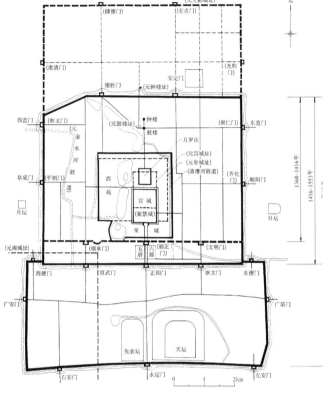

图 7-1-3 明北京城平面复原图

1. 洪武门　　11. 鼓楼　　　　21. 月华山
2. 承天门　　12. 前右甲第门　22. 日精山
3. 午门　　　13. 南左甲第门　23. 凤凰咀山
4. 西安门　　14. 垡山门　　　24. 独山、观星台
5. 东安门　　15. 朝阳门　　　25. 龙兴寺
6. 北安门　　16. 独山门　　　26. 凤阳府
7. 西华门　　17. 长春门
8. 东华门　　18. 后右甲第门
9. 玄武门　　19. 北左甲第门
10. 钟楼　　　20. 万岁山

图 7-1-2 明中都城平面示意图

图 7-1-4 北京城东南角楼外观（CFP）

永乐十四年（1416 年）迁都北京后，进行了大规模新建，将利用元宫改建的燕王府，改为紫禁城。明英宗正统年间，又全面甃砌城墙内外，并加建瓮城、城门、城楼等设施，形成包括正阳、崇文、宣武、朝阳、阜成、东直、西直、安定、德胜在内的北京内城 9 座城门格局，每座城门有自己的瓮城，或月城。月城上也建有城楼建筑。并将城门外护城河上旧有木桥，全部改为石桥（图 7-1-4）。

嘉靖二十三年（1544 年），由于城南地区商旅云集，内城之南又加筑城垣，将城南居民，及原本在城外的圜丘坛、先农坛等括入南城内，形成了后来北京城"凸"字形平面格局。南城城墙全部用砖包砌，城周设置永定、左安、右安、广渠、广安五门，及东便门与西便门。

经过扩建的北京城，一改元代将皇城与宫城布置在城市南部，并将帝王宫殿前伸于城门附近的做法，使皇城与宫城恢复到宋、金时期位于城

图 7-1-5 北京城中轴线景观（CFP）

市中心做法。并将旧有城市中轴线向南延伸。中轴线南端是永定门，经正阳门、天安门、端门、午门，穿越紫禁城中轴线，再经由明代堆筑的景山，经地安门、钟楼、鼓楼，使中轴线长度，达到8公里（图7-1-5）。

北京城沿用大都城旧有水系并加以改造，元代宫殿西苑太液池，扩展为三海，并将三海作为皇家御苑而悉心经营，形成一种既有严整轴线、对称布局、规整街道网格，又能将大片自然山水括入城内的亦庄亦谐、优雅恬淡的城市景观。

第二节　武当山道教宫观

武当山，又名太和山，位于湖北十堰地区，历史上称道教七十二福地之一。在方圆800里崇山峻岭中，有72峰、24涧、11洞，是传说中真武帝修炼之所。以靖难名义从北地燕京通过武力获得政权的永乐帝，为彰显自己统治之合法，通过提升北方玄武帝地位，彪炳自己政权的正统，于永乐十一年(1413年)，动用20万人，历时11年，建成包括玉虚宫、遇真宫、紫霄宫、南岩宫、五龙观、回龙观，及位于山巅的朝天宫、太和宫与金顶在内的多处宫观建筑群。建筑沿东西两神道分布，两路终点交会在金顶附近，朝拜路线长60余公里。沿途有8宫、2观、36庵堂、72岩庙，及多座亭子、桥梁（图7-2-1）。

玉虚宫是武当山规模最大宫观，位于今武当山镇。宫城南北长370米，东西宽170米，正殿为7开间玄帝殿，前有十方殿、龙虎殿，后有父母殿，呈一条中轴线。玄帝殿前，以两翼朝房庑舍，

图7-2-1武当山道教建筑群分布示意图

形成一个颇似宫殿格局庭院（图7-2-2）。

紫霄宫保存较完好，主殿紫霄殿位于一高大台基上，朝拜者需经多重阶级才能登临。殿前两重台基下有一空阔庭院，可供香客礼拜（图7-2-3）。与紫霄宫相邻的南岩宫，基本格局保存尚好。殿后沿峭壁布置的一组建筑群中，有早

图 7-2-2 玉虚宫遗址外观

图 7-2-3 紫霄宫大殿外观

期建筑遗存与精美石雕及小木作装修。站在这组建筑群前，仰观可见太和山巅，俯视却是万丈深渊，悬挑于崖壁前的石刻龙首香炉，更增添几分惊心动魄之感（图 7-2-4）。

金顶位于群峰环绕的主峰天柱峰上，峰顶其形若龟，明代所建长约 1.5 公里石城，环山顶一周，恰如玄武蛇龟缠绕之状。山巅矗立永乐十四年（1416 年）所建金殿。殿为铜铸镀金。外形与结构为木构殿堂形式。金殿开间、进深均为 3 间，位于一座石砌须弥座台基上。殿为重檐庑殿顶，柱额、门窗、斗拱、檐口、瓦饰、屋脊，均为铜铸镏金而成，保存有明代木构建筑结构与装饰的

图 7—2—4b 南岩宫石刻龙
首香炉细部 (CFP)

图 7—2—4a 南岩宫石刻龙首香炉 (李德喜 摄)

图 7-2-5 武当山金顶金殿外观

图 7-3-1 南京明孝陵神道（李若水 摄）

真实做法。殿前有月台，供香客进香礼拜之用。月台正面与左右两侧，各有一个踏阶，供道士与香客登临礼拜（图 7-2-5）。

第三节 十三陵长陵祾恩殿

帝王陵寝是中国古代建筑重要类型之一。十三陵是明代自永乐帝至崇祯帝在京 14 位帝王中除景泰帝外 13 位皇帝的陵寝。其中规模最大的长陵，是成祖永乐帝陵。十三陵之外，南京有太祖朱元璋明孝陵（图 7-3-1），安徽凤阳有朱元璋父亲的明皇陵，江苏盱眙有朱元璋祖父的明祖陵，湖北钟祥有明世宗父亲的明显陵（图 7-3-2）。

十三陵是一组完整陵寝建筑群，以一座巨大石牌坊、大红门、碑亭，及峙立有石像生的神道和棂星门，构成陵区数公里长前导空间（图 7-3-3）。十三座陵墓规模不等，永乐帝长陵、嘉靖帝永陵、万历帝定陵规模较宏巨。长陵建于

图 7-3-2 湖北钟祥显陵神道（CFP）

永乐七年（1409 年），陵门正与由石牌坊、大红门组成的陵区主轴线相对，门内是由一组包括坟茔宝顶、方城明楼，及三进院落组成的建筑群。进入陵门内，又有一道门，称祾恩门，门内为享殿祾恩殿。祾恩殿后是内红门，门内有一道仪门，称二柱门，仪门之内设石五供，其前耸立高大方城明楼，楼内有永乐帝庙号碑。方城明楼后是呈不规则圆形的宝顶。宝顶上有郁郁葱葱的林木（图 7-3-4）。

图 7-3-3 北京十三陵神道

图 7-3-5 长陵祾恩殿外观

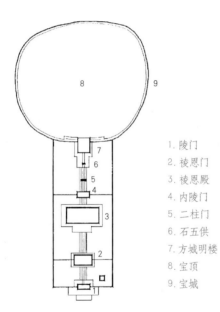

1. 陵门
2. 祾恩门
3. 祾恩殿
4. 内陵门
5. 二柱门
6. 石五供
7. 方城明楼
8. 宝顶
9. 宝城

图 7-3-4 明长陵平面图

图 7-3-6 长陵祾恩殿内景

祾恩殿既是长陵,也是整个十三陵规模最大的单体建筑。如同宫殿制度一样,祾恩殿坐落在三层汉白玉栏杆台基上。大殿面阔9间,进深5间,重檐庑殿顶。殿内有32根高达12米的巨大楠木柱,明间中心四柱,直径甚至达1.17米。上部梁架清晰整齐。由于用楠木建造,室内不施彩绘,殿内空间显得肃穆、沉重,正符合陵寝享殿建筑空间氛围。伫立在三层汉白玉台基上的长陵祾恩殿,通面阔60多米,通进深约30米,建筑面积2000余平方米,几乎与现存规模最大木构单体建筑故宫太和殿面积接近(图7-3-5、图7-3-6)。

第四节　西安钟楼与聊城光岳楼

明代建造的许多北方府、州、县城，往往会在城中心十字路口，设置一座楼阁（图7-4-1），形成城内制高点，如西安府城中心十字路口矗立的明代洪武十七年（1384年）所建钟楼，既起到地标性作用，也有军事与城市管理用途。最初，钟楼建于西安城中心，后因城市扩建致中心东移，明万历十年（1582年）迁建于此（图7-4-2）。

钟楼为重层三滴水式木构建筑，面积1377平方米，下层屋檐形成周围廊，檐上置平坐，二层亦设周围廊，屋顶为重檐攒尖式。楼为7开间方形平面，四面设门。楼内东南隅设梯道。二层梁架露明，上用抹角梁与井口枋，层层叠进，形成攒尖屋顶（图7-4-3）。

钟楼坐落在巨大过街楼式基座上，座高8.6米，平面方形，东西、南北长度均为35.5米。从基座底至钟楼顶高36米。基座下开十字拱券洞口，提供街道人流交通。基座上巨大平台，及钟楼二层平坐栏杆处，可供人登临眺望，俯视全城。

钟楼西侧不远，建有鼓楼。钟楼与鼓楼间，无轴线联系，仅以其设置距离较近，体现两者功能上的相关性。由于鼓楼偏处街巷一隅，在城市空间中的作用，比位于城市中央的钟楼，略显逊色（图7-4-4）。

山东聊城是一座被水环绕的城市，城市中心十字路口中央矗立一座高大楼阁，称光岳楼。楼初建于明洪武七年（1374年），主体为木结构，平面方形，进深与开间均为5间。楼内为4层，

图7-4-1 宁夏银川鼓楼（CFP）

图7-4-2 西安钟楼外观（CFP）

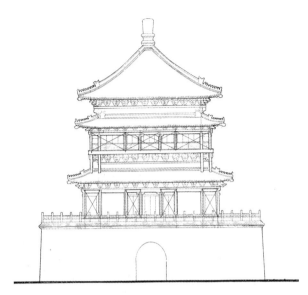

图 7-4-3 西安钟楼立面图

外观四重屋檐。二层设平坐、栏杆；第三层是一夹层，二层与三层间屋檐距离较近，顶层屋顶用歇山十字脊造型。

光岳楼坐落在一个砖石砌筑的基座上，基座下开十字平面半圆拱券洞口，方便行人通行。基座呈下大上小收分形式。基座与楼阁总高约33米。方形基座边长34.5米，高9米。从基座的长宽及整体高度来看，光岳楼与西安钟楼十分接近。但因聊城的等级与规模较小，光岳楼体量显得十分宏巨（图7-4-5）。

图 7-4-4 西安鼓楼外观 (CFP)

图 7-4-5 聊城光岳楼外观（刘志强 摄）

图 7-5-1 北京智化寺整体外观（辛惠园 摄）

光岳楼名称是明弘治九年（1496 年）由考功员外郎李赞与东昌府太守金天锡一起命名的，取其近鲁而有光耀于岱岳之意。楼内还存有清代乾隆帝题写的诗刻。

第五节　北京智化寺与法海寺

北京尚存两座明代佛寺：智化寺与法海寺。智化寺位于东城区禄米仓东口，是明代太监王振于正统八年（1443 年）所建家庙，后舍为寺，明英宗赐额"报恩智化寺"。寺原有东、中、西三路，保存尚好者，是中路部分。寺坐北朝南布置，南北长 278.8 米，东西宽 44.5 米。

寺沿轴线设 5 进院落，前为山门，次为智化门兼天王殿，门前东西对峙钟、鼓楼。门内为

智化殿，殿为单檐歇山顶，内供奉三世佛及十八罗汉像。殿前有东西配殿：大智殿与轮藏殿。大智殿内供四大菩萨，轮藏殿内设木制转轮藏（图7-5-1）。

第三进院是一座两层楼阁——如来殿，首层面广 5 间，进深 3 间；二层收为三间，周围有平坐栏杆，四壁用砖砌厚墙，正面开三个拱券门窗洞。室内除门窗外的墙壁上布满佛龛，龛内有九千尊佛像，故称万佛阁，屋顶为庑殿式。第四进院内有大悲堂，堂前一座小门，堂后又有一稍大院落，主殿为万法堂，两侧有东西配房（图7-5-2）。大悲堂与万法堂两侧，保留有东西两路的后部庭院，如方丈院等。

寺内主要建筑，如山门、智化门、智化殿、大智殿、轮藏殿、万佛阁等，均用黑色琉璃瓦顶，

使寺院氛围厚重、沉郁。殿堂内部，以色彩华美的彩画、佛造像、藻井、壁画、转轮藏，创造一种佛国世界欢娱场景（图7-5-3）。万佛阁内原云龙蟠绕的斗八藻井，被盗卖出国后存美国堪萨斯州纳尔逊博物馆。

法海寺位于京西模式口村，明太监李童于正统四年（1439年）建，英宗赐额"法海禅寺"。寺内有山门、天王殿、大雄宝殿、药师殿与藏经楼。但仅大雄殿为明代原构。大殿面广5间，进深3间，单檐庑殿黄琉璃瓦顶。由于推山较小，正脊较短，大殿显得较为古朴。外檐柱头科斗栱用五踩单翘单昂，明间与次间各布置四攒平身科斗栱，梢间两攒平身科斗栱。两山檐下斗栱，当中一间平身科五攒，前后间各两攒。大殿坐落在石筑台基上，前有须弥座式月台（图7-5-4）。

大雄宝殿内有三佛与二胁侍造像及精美壁画，殿内有三组藻井，左右两个形制较接近，东边藻井绘药师曼荼罗，西边藻井绘阿弥陀曼荼罗。中央藻井中所绘曼荼罗，中心是毗卢遮那佛本尊，外绕八叶莲花与四重菩萨。曼荼罗四方各有门。藻井上有雕刻精细的斗栱。梁枋上的彩画也多保存明代特色，如用青绿二色，并在退晕与花心处点金（图7-5-5）。

殿内壁画绘有飞天、十方佛、八菩萨，及四时花卉。北壁后门两侧绘有以梵王、帝释为首的二十诸天相向行进行列，场面极其宏大。

图7-5-2 智化寺万佛堂外观（辛惠园 摄）

图7-5-3 轮藏殿内景转轮藏（辛惠园 摄）

图7-5-4 北京法海寺外观（CFP）

图 7-5-5 法海寺大殿室内壁画 (CFP)

第六节　青海瞿昙寺

瞿昙寺在今青海乐都县瞿昙镇，初创于明洪武二十五年（1392 年），次年因院主三罗藏拥戴明王朝统治，太祖朱元璋以佛祖释迦牟尼族姓"瞿昙"御赐匾额。明永乐、洪熙、宣德时钦派太监与匠师参与寺院扩建与重建。寺呈南向偏东布置，背依罗汉山，前有河谷地，河水环绕寺前。

寺布置在一略呈方形土垣内，建筑面积近1 万平方米。沿中轴线布置山门、金刚殿、瞿昙殿、宝光殿和隆国殿，并分前、中、后三进院落，中院与后院环以廊庑。两侧对称布置御碑亭、护法殿、左右小经堂、香趣塔、大小钟鼓楼等（图 7-6-1）。寺东北方向，有一组两进院青海民居风格建筑群，称囊谦，是活佛住所（图 7-6-2）。

山门面广 3 间。门内左右分立两座方形御碑亭，上用重檐十字脊顶。西侧为金刚殿，恰成前院与中院间过殿。瞿昙殿位于中院前部，宝光殿位于中院后部。殿面广 5 间，平面均近方形，用重檐歇山顶，高约 12 米。

图7-6-1 瞿昙寺整体外观（徐庭发 摄）

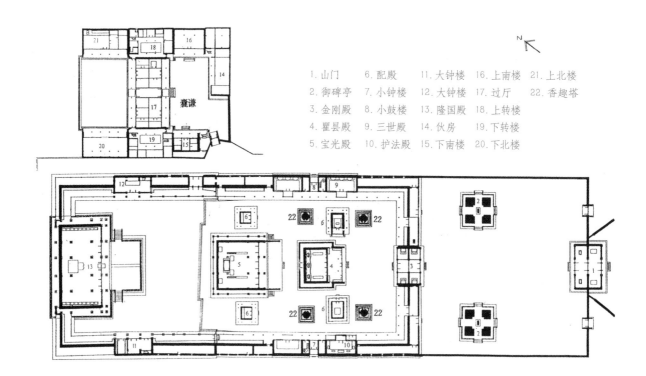

1.山门	6.配殿	11.大钟楼	16.上南楼	21.上北楼
2.御碑亭	7.小钟楼	12.大钟楼	17.过厅	22.香趣塔
3.金刚殿	8.小鼓楼	13.隆国殿	18.上转楼	
4.瞿昙殿	9.三世殿	14.伙房	19.下转楼	
5.宝光殿	10.护法殿	15.下南楼	20.下北楼	

图7-6-2 瞿昙寺平面图

图 7-6-3 瞿昙寺隆国殿外观（徐庭发 摄）

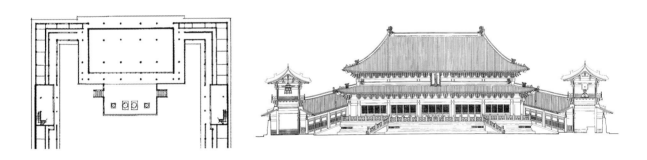

图 7-6-4 隆国殿平面图、立面图

主殿隆国殿，位于后院后部一 3.2 米高须弥座石台基上。殿面广 7 间，进深 5 架，重檐庑殿顶，高 16 米。殿身四面有回廊，殿前有月台。月台正面及左右设踏阶，周围围以红石栏杆。殿前左右对峙大小钟鼓楼。殿两侧与渐升高的庑廊相接（图 7-6-3，图 7-6-4）。

两翼庑廊内绘有壁画，称为"七十二间走水厅"。壁画内容为佛教传说故事，如"忉利天众迎佛升天宫图"、"善明菩萨在无忧树下降生"、"净饭王新城七宝衣履太子体"、"龙王迎佛入龙宫图"、"六宫娱女雾太子归宫图"等（图 7-6-5）。

瞿昙寺原为藏传佛教噶玛噶举派寺院，随明

图 7-6-5 瞿坛寺庑廊内壁画（徐庭发 摄）

第七节　明清江南私家园林

末格鲁派崛起，又改宗格鲁派，历史上的瞿昙寺
曾领有13座寺院。寺是一座具有明代宫殿建筑
特征佛教建筑群，如高踞于寺院后部重檐庑殿顶
的隆国殿，殿两翼的庑廊、对称设置的配殿等，
都有一点北京宫殿建筑的影子。尤其是两侧庑廊
间嵌设的楼阁，与明代北京宫殿在主殿前对称布
置文楼与武楼的做法十分接近。寺内主要殿堂梁
架、斗栱、藻井，较符合明官式建筑特征。

古代私家园林，可以追溯到西汉茂陵富商袁
广汉园。自晋代始，以归隐山林为主要意境的文
人园渐兴起。唐代诗人王维的辋川别业，白居易
洛阳的履道里宅园，宋代苏舜钦的沧浪亭，是古
代私家园林中的一些例子。

明清江南私家园林，以官绅士大夫城市宅园
为主。通常以人工开凿的水体或堆叠的山石，形
成基本山水格局，再辅以自然花草树木，穿插以
花厅、敞轩，点缀以楼榭、亭台，环绕以游廊、

图 7-7-1 苏州网师园中部园景鸟瞰透视图

曲径，间之以小桥、假山，形成一种疏落有致、步移景异的园林空间（图7-7-1）。

这些园林可以看做住宅的延伸，园主人在园林中起居、读书、对弈、宴客、游憩。由于城市园池用地紧凑，一般会采取"小中见大"造园手法。其水有聚有分，聚则水乡弥漫，分则蜿蜒幽深；其山有高有低，高则立亭榭以远望，低则置奇石以近观；树木则以乔灌木结合，乔木求姿态优雅，灌木促空间掩映。园中路径曲折迂回，结合游廊、亭榭、石桥、小涧、山间蹬道，创造尽可能长的游赏距离。园中景物，可敞可闭，可大可小，可高可低，互为对景（图7-7-2）。

(a)

(b)

图 7-7-2 苏州拙政园中部园景鸟瞰透视图

图 7-7-3 苏州拙政园小沧浪景观

图 7-7-4 苏州留园鹤所景观（李若水 摄）

图 7-7-5 江南园林建筑匾额

　　江南园林以扬州、无锡、苏州、湖州、常熟、南京、上海为盛。现存实例，多经后世修葺、改建，园林总数也趋减少。园林规模一般较小，多为一二亩至数亩，大者可数十亩。由于用地狭小，园景处理，多尽曲折变化之能，游览路线曲蜿透迤，景观手法千姿百态，用洞门、漏窗、折廊、障景、透景等手法，尽可能创造一些若隐若现小空间，辅以借景手法，使人对园林空间感觉尽可能大。园中植物更从观花、观叶、观果等不同角度出发，按照四季植物特征，尽量做到在空间与时间上最大扩展与延伸（图 7-7-3，图 7-7-4）。

　　江南园林还注重园中匾额，以点出造园家刻意经营的一些景观意境，如苏州网师园"月到风来"亭、"看松读画"轩，拙政园"雪香云蔚"亭、"荷风四面"亭、"与谁同坐"轩等，都是极富意境的题额。在色彩处理上，江南园林十分清淡雅致。建筑以白墙、灰瓦、赭色柱子为主。室内家具，亦求暗色调，辅以题壁诗词书画，更增园林书卷气（图7-7-5）。

现存私家园林以苏州为多，如沧浪亭、拙政园、狮子林、留园、网师园、环秀山庄、艺圃等。无锡寄畅园，扬州个园、何园、小盘古，上海豫园也是著名例子。

第八节 山西洪洞县广胜上寺飞虹塔

南北朝时琉璃烧制技术传入中国，唐代始用于殿堂屋顶瓦饰。因信众对佛的崇拜，及佛经中常有琉璃七宝装饰的佛国世界描述，用琉璃作为佛塔外墙饰面，成为中国古代建筑一种追求。

现存已知最早琉璃塔，为北宋建河南开封祐国寺塔。随琉璃烧制技术大幅提升，琉璃塔建造也成为一时风尚，明代南京大报恩寺塔，曾是一座琉璃塔。现存实例中，山西洪洞广胜上寺飞虹塔，最能代表明代琉璃塔技术与艺术水平。

广胜寺位于霍山南麓，分上寺、下寺。上寺中主要建筑为明代遗构，其中飞虹塔，又以极富感染力造型与色彩，成为广胜寺标志（图7-8-1）。塔位于上寺前部中央，塔后有三座木构殿堂，前塔与后殿间用墙分隔，形成一个塔院。塔前两侧是祖师殿与伽蓝殿。塔建于明嘉靖六年（1527年），天启二年（1622年）在首层加建一圈外廊。塔平面八角形，高13层，约47.31米，在现存明清

图7-8-1 广胜寺飞虹塔外观（李若水 摄）

琉璃塔中最为高大（图7-8-2）。

飞虹塔首层面积很大，但塔身越高越细，有明显收分，在湛蓝天空映衬下，势如飞梭。塔身用青砖砌筑，外层包镶黄、绿、蓝、赭、白五彩琉璃砖。在造型上，塔为仿木结构形式，各层出檐与木塔无异，叠涩檐下用斗栱或仰莲，塔壁用莲花倚柱，嵌以佛、菩萨、金刚、力士等造像，辅之以龙、虎及各样珍禽异兽与花卉图案，间以拱形窗洞，使整座塔身，既有整体的潇洒与灵动，又有细部的华美与精致。各层檐角上所悬铃铎，随风摇曳，

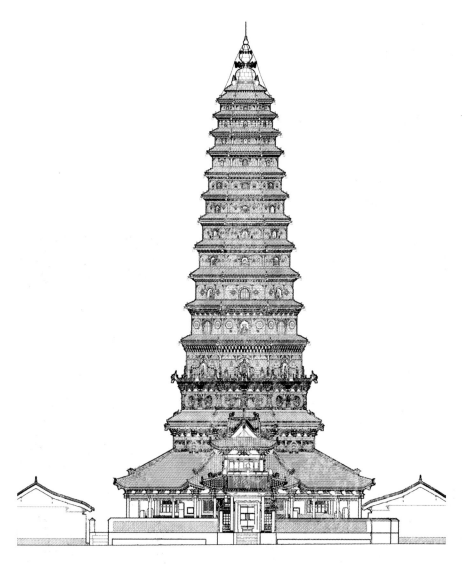

图 7-8-2 广胜寺飞虹塔立面图

铃声飞扬，为塔增加动人效果（图 7-8-3）。

塔首层为木构围廊，入口南向，南面首层檐上再起十字脊顶，突出入口隆重感（图 7-8-4）。首层塔内有较大空间，中央供奉释迦牟尼像，顶用琉璃藻井，藻井内雕楼阁、栏槛、人物、盘龙等造型。上层塔内中空，用曲折翻转踏道，可曲折攀援至第十层，踏道空间狭促险峻，使登临者在紧张神秘中，感受古代工匠设计之奇妙精巧（图 7-8-5）。

清康熙三十四年（1695 年），山西临汾地区有过一次大地震，此塔几无毁损，反映出塔在结构上的坚固与稳定。

图 7-8-3 飞虹塔雕刻细部（李若水 摄）

图 7-8-4 飞虹塔南面首层外观（李若水 摄）

图 7-8-5 飞虹塔室内景观（贾珺 摄）

第九节　山西运城万荣东岳庙飞云楼

古代中国人有"仙人好楼居"之说，认为成仙得道之人，喜栖半空楼阁之中。尽管宫殿与住宅中，多层楼阁不多，但佛寺、道观与祠庙中，造型奇巧伟丽的楼阁却很多见，山西万荣解店镇东岳庙飞云楼，是其中一座。

东岳庙主祭东岳泰山神，元明以来许多府、州、县城，都建有东岳庙。据清乾隆《重修飞云楼碑记》，万荣东岳庙始创于唐贞观间（627—649年）。但从结构、形制与斗栱看，现存遗构不会早于明初，可能建于明正德元年（1506年）的一次大修工程（图7-9-1）。

楼平面正方，面阔、进深各5间，边长约14米。明间与两梢间开间稍宽，次间开间较小。其原因应与屋顶上所出歇山式抱厦结构有关。楼整体为木构，外观3层，实为5层，中有两个暗层。除平坐外，楼有四重屋檐，高23.19米。第二与第三层楼均落在下层平坐上。顶层为重檐，上檐用十字歇山脊，下檐用方形屋檐，四面出歇山式抱厦，呈"亞"字形屋顶平面。二层屋檐同样是在方形屋檐上，四面出歇山山花，形成如宋代建筑中"龟头殿"造型（图7-9-2）。

楼外观有四层屋檐，二层与三层，檐四面

图7-9-1　万荣东岳庙整体外观（辛惠园　摄）

图 7-9-2 万荣飞云楼外观（辛惠园 摄）

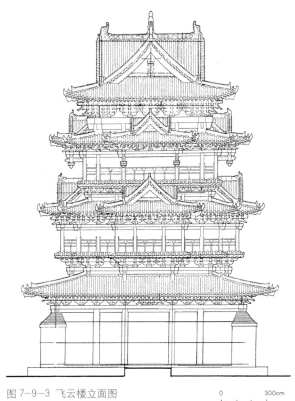

图 7-9-3 飞云楼立面图

0   300cm

出歇山式抱厦，加十字脊屋顶，共有 12 个面露
出歇山山花（图 7-9-3）。因其"亚"字形屋檐，
使飞檐翼角阳角达到 32 个。若加阴角，总有檐
角 48 个。檐下屋角垂以铃铎，微风乍起，铎声
振荡，可以赋予飞动的檐角以灵动活力。

　　飞云楼外檐各层屋檐与平坐下，有共约 345
攒复杂斗栱。如首层檐下，明间用两攒平身科斗
栱，并用斜栱。因左右次间开间较小，仅用一攒
平身科斗栱。两梢间复用两攒斗栱。以上诸层各
间斗栱，也不相同。这种斗栱布置方式，使飞云
楼既有宋元建筑之疏朗感，又有明清建筑之细密

图 7-9-4 飞云楼斗栱细部（辛惠园 摄）

图7-9-5 飞云楼屋顶室内仰视（辛惠园 摄）

感（图7-9-4）。

　　顶层上檐内用井口枋及童柱、檩枋，承托上部十字交叉歇山顶，形成复杂而巧妙的十字脊屋顶，屋顶中心用莲花垂柱，周围以斜撑及抹角撑，结合角梁、斜梁，创造了既大胆灵巧，又明快简单的屋顶结构（图7-9-5）。

第十节　岱庙天贶殿与西岳庙灏灵殿

　　现存五岳岳庙主殿，只有泰山岱庙天贶殿与华山西岳庙灏灵殿，保存部分明代遗构，成为了解明代木构建筑重要实例。

　　岱庙，位于山东泰安市北，专祀东岳大帝，是历代帝王举行封禅大典之地，始创于汉，唐时初具规模。北宋真宗时，建造了主殿天贶殿。庙内建筑分东、中、西三路，中路有正阳门、配天门、仁安门、天贶殿、后寝宫、厚载门。东路以汉柏院、东御座、钟楼、东寝宫、东道院为主；西路

图7-10-1 泰安岱庙整体外观（CFP）

有延禧殿、环咏亭、鼓楼、西寝宫、雨花道院等（图 7-10-1）。

天贶殿面阔 9 间，进深 5 间，重檐庑殿顶，覆黄琉璃瓦。东西长 43.67 米，南北宽 17.18 米，高 22.3 米。从造型与斗栱形制看，为明代遗构。殿下有高 2.65 米须弥座台基，前有月台。大殿外檐斗栱为七踩，明间与次、梢间，各用三攒平身科，略显疏朗。殿内用四组藻井，使殿内空间在高峻中显出几分华丽、繁缛（图 7-10-2）。

图 7-10-2 岱庙天贶殿外观

图 7-10-3 西岳庙整体外观（CFP）

图 7-10-4 西岳庙灏灵殿外观（CFP）

西岳庙位于华山北麓华阴市华岳镇，庙呈坐北朝南布置，庙门正对华山主峰。据称原庙址在现址以东黄神谷，始建于西汉武帝时（公元前140—前87年），三国曹魏黄初元年（202年）迁至今址，唐、宋、明、清，西岳庙代有重修。

庙前有巨大照壁，前为清代单檐歇山顶砖石门殿，称灏灵门，门内为同是砖石砌筑高大的五门楼，门内有一座明代建仿木棂星门。穿过棂星门，有一座5间单檐歇山顶门殿，称金城门，是正殿灏灵殿前庭院正门，入门后再过一道金水桥，是主殿灏灵殿。殿后有寝宫、御书楼、万寿阁等，自北向南呈一道朝谒华山的中轴线（图7-10-3）。

灏灵殿主体部分为明代遗构，旧为5间，后经修葺而成现存9间格局。殿为单檐歇山顶，坐北朝南，面阔9间，进深5间，高约16米，下有高1米须弥座台基，台基前有可面对华山主峰举行礼祀仪式的月台（图7-10-4）。大殿内柱粗巨，顶有天花，空间高敞。大殿外檐，除两梢间外，各用两攒平身科斗栱，两山收山，比清式建筑大，使立面保留明代建筑形制。

第八章
康乾宫苑阙九重

第一节　北京紫禁城

第二节　北京天坛

第三节　北京颐和园

第四节　承德避暑山庄

第五节　承德外八庙建筑

第六节　曲阜孔庙大成殿与奎文阁

第七节　清代皇家陵寝建筑

第八节　北京清代王府及私家园林

第九节　河南社旗县山陕会馆

第十节　徽州清代民居西递与宏村

现存古代建筑遗存最丰富者，是中国历史上最后一个封建王朝——大清朝。清代紫禁城是目前保存最完整，规模最大的宫殿建筑群。清代所建皇家园林，包括北京西郊三山五园，如圆明园、颐和园，以及承德避暑山庄，堪称中国古典园林艺术精品。

清代皇家陵寝保存相当完整，清代皇家敕建的承德避暑山庄外八庙，是建筑制度最完整，建筑造型最华丽的皇家寺院建筑群。中国四大佛教名山中，保留最多的也是清代寺院。而现存最完整的孔庙建筑群——山东曲阜孔庙，也保留了清雍正年间重修格局。至于王府建筑、地方民居、乡土村落也以清代遗存保留最为完整，至于散落在城乡山野间大大小小的佛寺、庙观、祠堂，大部分都是清代遗构。

尽管清代建筑在组群布置，建筑结构与造型形制上，更多沿用明代既有规制，但保存十分完整的清《工部工程做法则例》，提供了一把完整缜密理解明清建筑的钥匙。也许由于经济的迅速发展，清代建筑在地方特点与地域风格上，表现出最为多样化特征。我们所说的北方建筑、江南建筑、徽派建筑、岭南建筑、西南建筑，都会打上明清时代，特别是清代地方文化的烙印。

第一节　北京紫禁城

明代先后建造了凤阳、南京与北京三座宫城。清紫禁城是在明北京宫殿基础上建造起来的。尽管紫禁城是所存最大古建筑群，但比较汉唐宫殿，宫城规模已相当小。城南北961米，东西753米。城四周有高12米城墙。墙外是宽52米筒子河。城有四门，南为午门，北为神武门，东为东华门，西为西华门（图8-1-1）。

宫城正门为午门，前有端门、天安门、大清门，与内城南门正阳门。宫城位于由外城南门永定门至内城北端钟、鼓楼构成的中轴线上。从永定门（及瓮城），经正阳门（及瓮城）有四道城门，再经大清门、千步廊，过天安门、端门、午门，再

图 8-1-1　紫禁城空中鸟瞰

图 8-1-2 紫禁城午门外观 (辛惠园 摄)

过太和门,到太和殿。从大清门到太和门为5座门,从永定门到太和门为9座门,从而不仅将天子正衙太和殿,布置在城市与宫殿中轴线上,也位于了九五之尊的隆重位置 (图 8-1-2)。

紫禁城自明永乐初 (1406 年) 在元大都宫殿基础上建造完成。清代沿用明北京宫殿规制,有所修缮与重建。紫禁城沿用古代宫殿前朝后寝制度。外朝由太和、中和、保和三殿组成,坐落在一"土"字形平面三层汉白玉栏杆台基上。殿前有广场,左右对峙体仁、弘义二阁,并环以庑房、崇楼与门殿 (图 8-1-3)。

内朝由乾清、交泰、坤宁三宫组成,坐落在一个工字形平面三层汉白玉栏杆台基上。后三宫东西两翼,分布12座嫔妃居住的宫殿 (图 8-1-4,图 8-1-5)。清代皇帝日常起居的养心殿,位于西六宫前端。东六宫之东,有一组乾隆时期建造的太极殿,是一组有独立轴线的小宫城。太极殿西为一组用建筑、花木与山石构成的布局紧凑而空间隐秘的园林,俗称"乾隆花园"。

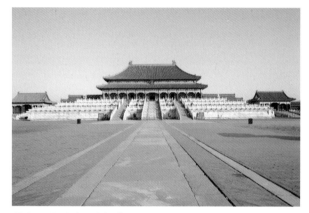

图 8-1-3 太和殿广场外观

图 8-1-4 乾清宫外观 (楼庆西 摄)

图 8-1-5 坤宁宫外观 (CFP)

图 8-1-6 御花园外观

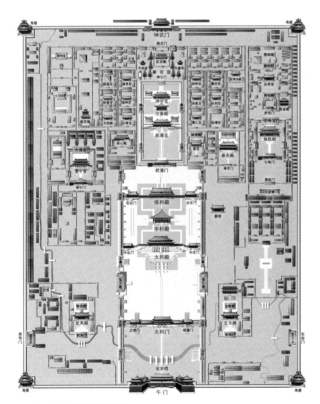

图 8-1-7 紫禁城平面图

紫禁城后部的御花园，是一座布置在宫殿建筑群中的园林建筑，在严格对称布局下，间以花木、山石、亭榭，于严整、肃静中，透出某种欢快、活泼气氛（图 8-1-6）。御花园中部偏后位置，有一座道教建筑——钦安殿。殿中供奉道教真武（玄武）大帝。将作为水神的真武大帝，布置在紫禁城中轴线北端，显然有厌火的象征性功能。

紫禁城内前部中轴线两侧，对称布置文华、武英两组宫殿建筑。文华殿北是皇家图书馆文渊阁。正殿太和殿面阔 11 间，进深 5 间，重檐庑殿黄琉璃瓦顶，檐下用斗栱、彩画，墙、柱为红色，辅以三重汉白玉栏杆台基，使大殿在蓝天白云衬托下，显得雍容华贵（图 8-1-7）。

第二节　北京天坛

明初，曾在南京建立了圜丘坛与方泽坛，分别祭祀天与地。洪武年间首开天地合祀做法，在南郊大祀殿中祭祀天地。永乐迁都北京后，延续

图 8-2-1 清同治皇帝祭天坛的景象

图 8-2-2 北京天坛鸟瞰

图 8-2-3 祈年殿外观

图 8-2-4 皇穹宇外观

图 8-2-5 圜丘坛外观

了天地合祀习惯，在北京南郊设立了大祀殿。明嘉靖九年（1530 年），恢复天地分祀做法，并于嘉靖十九年（1540 年）将原来面阔 11 间合祀殿，改为三重檐圆形明堂大享殿，后又改为祈谷坛。同时分别设置南郊圜丘坛与北郊方泽坛。自此，南郊皇家祭天之所，正式命名为"天坛"（图 8-2-1）。

天坛有内外两重垣墙，平面轮廓为北圆南方，象征天圆地方。位于中轴线上的主要建筑圜丘坛、皇穹宇、祈年殿，由一条长 360 米，宽 29.4 米通贯南北的丹陛桥联系在一起。祈年殿由祈年门、祈年殿前东西配殿、皇乾殿，及位于庭院东侧神厨等建筑组成。皇穹宇由一道圆形围墙环绕，并有门殿与配殿。圜丘坛除了自身壝墙外，在坛东还设有神厨、宰牲亭、神库（祭器库、乐器库）等附属建筑（图 8-2-2）。

清乾隆年间将祈谷坛改称祈年殿，并对皇穹宇、圜丘坛加以重修、完善，渐形成今日式样。祈年殿是一座单层三重檐圆形大殿，坐落在三层汉白玉栏杆圆形须弥座台基上，殿高 38.2

米，直径 32.72 米，室内中央高 19.2 米，直径 1.2 米的 4 根龙井柱，象征四季；周围 12 根檐柱，象征十二月；内外 28 根柱，象征二十八宿；上檐 24 根童柱，象征二十四节气。象征天宇的三层屋檐，原用黄、绿、蓝三色琉璃瓦，乾隆时改为三层蓝琉璃攒尖瓦顶，用镏金宝顶（图 8-2-3）。皇穹宇原为圆形重檐建筑，乾隆十六年（1751 年）大修时改为单层单檐，其外环绕的圆壁，形成著名的回音壁。壁高 3.72 米，厚 0.9 米，平面直径 61.5 米（图 8-2-4）。

建于嘉靖九年（1530 年）的圜丘坛，平面圆形，用三层汉白玉栏杆。各层栏杆望柱及各层间踏阶数，均用与数字 9 倍数有关的阳数。上层坛面原覆蓝色琉璃砖，乾隆十四年（1749 年），改覆艾叶青石。坛为 3 层，高 5.6 米，下层直径 91 米，中层直径 80 米，上层直径 68 米（图 8-2-5）。

天坛西天门内之南，有一座坐西朝东建筑，是为皇帝祈谷、祀天前进行斋戒沐浴之地，称斋宫。斋宫外有两重宫墙。外宫墙内有一座钟楼。内宫墙内又分前、中、后三部分。前为正殿，后为寝宫，中部狭长庭院两端，各有廊房五间，是主管太监和首领太监的值守房（图 8-2-6）。此外，在圜丘坛西天门外西北还有一组与祭祀时音乐演奏有关的神乐署建筑。

第三节　北京颐和园

颐和园前身清漪园始建于乾隆十五年（1750 年），咸丰十年（1860 年）遭英法联军焚毁，光绪十二年（1886 年）修复后改名颐和园。全园占地 293 公顷，水体占全园面积四分之三。园中有两条明显轴线，分别是以东宫门、仁寿殿为主的东西轴线，以智慧海、佛香阁、排云殿为主的南北轴线。园内分为：理政用仁寿殿区；生活起居用乐寿堂区；游赏休憩用万寿山、昆明湖、后湖等山水景观区（图 8-3-1）。

图 8-2-6　天坛斋宫外观（辛惠园 摄）

图 8-3-1　乾隆清漪园复原透视图

图 8-3-2 颐和园仁寿殿外观

图 8-3-4 从"画中游"看玉泉山塔

图 8-3-3 从知春亭看万寿山佛香阁

在景观组织上,自东宫门入,以叠山、树木与建筑掩映,与湖区隔离开来,万寿山佛香阁与昆明湖,在游人曲折迂回间,不期然豁然眼前。从东宫门、仁寿殿、德和园,到乐寿堂、邀月门,布置巧妙的庭院,纵横交错的轴线,使空间充满深邃感(图 8-3-2)。

前山布置多处景点、庭院,为使多变景观有统一元素,设计者布置了一道临湖长廊,并用青石栏杆,使整个前山景区,统一为一个景观整体。中央坐落着位于高大台座上高 41 米的佛香阁,使万寿山成为全园空间构图中心(图 8-3-3)。而画中游、听鹂馆、铜亭、扬仁风等前山景区,则使前山景观变得丰富多变(图 8-3-4)。

阁前原为乾隆帝为其母祝寿而建大报恩延寿寺,慈禧时加以重建,并取晋代郭璞"神仙排云山,但见金银台"诗句,改为"排云殿"。这组建筑,由其前牌楼、排云门、金水桥、二宫门,排云殿,至佛香阁、智慧海,形成一条波澜骤起的空间轴

图 8-3-6 颐和园谐趣园景观

图 8-3-5 从排云殿看佛香阁（黄文镐 摄）

线，是颐和园中最具标志性建筑群（图 8-3-5）。

水体设计上，以布置有涵虚堂、藻鉴堂、治镜阁的湖中三岛，象征海上三仙山。前山水系以聚为主，有碧波荡漾，水天一色的弘阔感；后山水体以曲为主，水系蜿蜒逶迤，幽深迂曲，使游弋后山之人有如置身深山幽谷，不会想到距离园林边墙仅咫尺之遥。后山还有一座与北宫门相接的藏式佛寺，宫门两侧后湖，模仿苏州水街，有"买卖街"。街在 1860 年遭英法联军焚毁，现存建筑为后世重修。

模仿自无锡寄畅园的谐趣园，原名"惠山园"，嘉庆十六年（1811 年），以乾隆御制诗"一亭一径，足谐奇趣"意境，改称"谐趣园"。这其实是一种再创作，以其幽亭曲廊、花厅敞榭，及有聚有分的水体，水花飞溅的石涧，创造出一片适度宜人的园林景观（图 8-3-6）。

第四节　承德避暑山庄

皇家园林最早可以追溯到周文王时的灵沼、灵台、灵囿。秦汉关中上林苑、隋唐长安禁苑、隋洛阳西苑，唐洛阳东都苑，都是大型皇家苑囿。宋金以来，皇家园林规模渐小。元、明时曾在北京南郊营造了飞放泊和南苑。清代帝王则在北京营造了三山（香山、玉泉山、万寿山）五园（圆明园、清漪园、畅春园、静宜园、静明园）。

清代建造规模最大的皇家园林，是承德避暑山庄，又称热河行宫。行宫宫墙周长约10公里，园内布置殿阁、楼台、亭榭等120余组，建筑面积约10万平方米。山庄是清帝会见蒙藏上层，联络民族感情之地，整体构思采用"移天缩地在君怀"思想，从地形、地势上，将整座园林构想成中华大地缩形。园内西北大面积山体，象征西北高原；东南平坦湖区水乡泽国效果，象征江南水乡；其间大片草地、林木，象征蒙古草原（图8-4-1）。

图8-4-1　避暑山庄鸟瞰

宫殿区地势较高，并与其他景区间有林木相隔，是皇帝处理政务、举行庆典及生活起居之处，包括正宫、东宫，及松鹤斋、万壑松风等建筑群。正宫布局依照"前朝后寝"制度，并沿中轴线布置9进院落，间以回廊，为灰色筒瓦单檐顶建筑，开间5至7间。正殿"澹泊敬诚"为木本色楠木建筑，不施彩画，追求"山庄"效果（图8-4-2）。

图8-4-2　避暑山庄澹泊敬诚殿外观

宫殿北为湖区，湖中有8个岛，以曲堤相接，既有碧波荡漾的湖池，又有桥岛相间的洲屿。湖泊区东北隅有一眼温泉，是热河行宫名称来源——热河泉的所在。湖区北面群山之麓，是开

图 8-4-3 避暑山庄金山寺外观

图 8-4-4 避暑山庄烟雨楼外观

图 8-4-5 避暑山庄水心榭景观

阔的万树园、试马埭景区。其意境表现林繁枝茂、风吹草低的塞外风光。位于西北的山峦区面积最大，这里山岩凸起，沟壑纵横，山中隐隐现出一些亭台楼榭。

始建自 1703 年的避暑山庄，先后经康、雍、乾三代 89 年时间。其中康熙所题 36 景名，均为 4 字，如南山积雪、万壑松风、磬锤落照、烟波致爽、水流云在等；乾隆所题 36 景名，均为三字，如水心榭、如意洲、采菱渡、松鹤斋等。其中一些景观仿自江南园林，如芝径云堤仿杭州西湖苏堤、白堤；烟雨楼，仿浙江嘉兴烟雨楼；金山寺，仿江苏镇江金山寺；文园狮子林，仿苏州狮子林（图 8-4-3，图 8-4-4，图 8-4-5）。

第五节　承德外八庙建筑

自康熙五十二年（1713年）建造溥仁与溥善（已毁）两座寺院后，清政府在承德避暑山庄外围先后建造了11座寺庙，其中8座有朝廷派驻的喇嘛，故称"外八庙"。乾隆二十年（1755年）建造了在整体上模仿西藏萨迦三摩耶寺（又称桑鸢寺）的普宁寺。寺内中心为高36.75米的大乘阁，阁外观六重檐，上有5个攒尖顶，室内供奉一尊高24米木制密教千手千眼观音像（图8-5-1）。

乾隆二十五年（1760年）建普佑寺，乾隆二十九年（1764年）又为迁居热河的新疆达什达瓦部建俗称"伊犁庙"的安远庙。庙内有三层围墙与廊庑环绕，中心是三重檐黑瓦黄剪边琉璃瓦顶的普渡殿。乾隆三十一年（1766年）建的普乐寺，是为纪念蒙古土尔扈特部族从伏尔加河流域长途跋涉，历经转战，回归祖国。寺之前部为汉地建筑，后部是一座坛城。其下为两层石筑台座，台

图8-5-1 普宁寺大乘阁外观

图8-5-2 普乐寺圆亭子外观

上是圆形重檐攒尖黄琉璃瓦顶的旭光阁,俗称"圆亭子"。室内布置一座立体曼荼罗,顶用圆形藻井,内嵌二龙戏珠雕刻(图8-5-2)。

普陀宗乘庙是乾隆三十二年(1767年)仿西藏布达拉宫建造的。达赖喇嘛到热河朝觐时住在此处,其中除山门、钟鼓楼外,多为藏式建筑。寺院呈自由式布局,依山就势,寺院后部是按西藏都纲法式建造的大红台,红台中央是重檐四角攒尖镏金铜瓦屋顶的"万法归一殿",殿四周是三层环绕的群楼(图8-5-3)。

须弥福寿庙是为迎接西藏班禅额尔德尼六世喇嘛,于乾隆四十五年(1780年)仿西藏扎什伦布寺红台而建,红台内壁四周为三层群楼,中为六世班禅讲经的"妙高庄严"殿(图8-5-4)。台之北有一座汉式八角琉璃万寿塔;台东南另有一座红台,其西是班禅寝殿——吉祥法喜殿(图8-5-5)。

乾隆三十九年(1774年)建造的殊像寺模仿五台山殊像寺,是一座汉式建筑,坐北朝南布置。同时,还仿照浙江海宁安国寺中的罗汉堂形制,建造了一座罗汉堂(已毁)。

外八庙建筑群与避暑山庄相映成趣,形成彼此风格迥异,不可或缺的有机整体,山庄山水相映,林木丛密,殿阁亭榭交相辉映,整体上显得雅淡朴素,而其东侧与北侧的寺庙,殿宇宏大,屋瓦辉煌,组群严整,正为避暑山庄形成拱卫之势。

图8-5-3 普陀宗乘庙大红台外观(辛惠园 摄)

图8-5-4 须弥福寿庙大红台外观

图8-5-5 吉祥法喜殿外观

第六节　曲阜孔庙大成殿与奎文阁

　　孔庙，又称"夫子庙"，亦称"文宣王庙"，或简称"文宣庙"、"宣圣庙"、"先师庙"、"先圣庙"。一些地方所建孔庙，又称"文庙"。

　　曲阜阙里孔庙，建于孔子故宅旧址，最初，是其弟子收集孔子生前衣、冠、琴、车、书等遗物之所。官方建孔子庙，始自两汉。唐初诏州、

图 8-6-1　曲阜孔庙整体外观

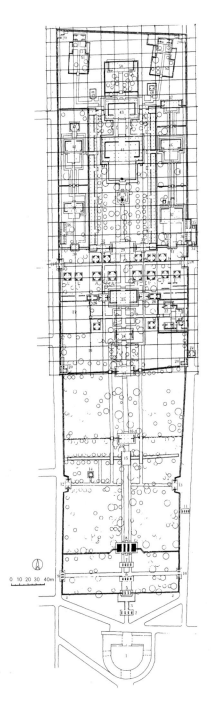

图 8-6-2　曲阜孔庙平面图

县皆营孔子庙,特别下诏作庙于孔子故乡兖州。宋、金时代,曲阜孔庙已趋完备,元代又多次敕修。

明嘉靖间,曾削除孔子文宣王称号,改称先师,并用孔子牌位代替庙中所奉孔子像。清代延续前代祭祀,雍正八年(1730年)对曲阜孔庙进行大规模维修重建,确定了现存孔庙规模形式、建筑格局与门殿匾额。道光十四年(1834年)与光绪三十四年(1908年)又有过两次维修。

孔庙建筑沿南北中轴线,分左、中、右三路布置,前后9进院落,南北长630米,东西宽140米,占地约327.5亩,有殿阁、堂舍、廊庑100余座,466间,门屋、牌坊54座,历代皇帝御碑亭13座。其基址规模与主殿规制,与五岳岳庙建筑群一样,仅次于天子宫殿,相当于明代王府建筑等级(图8-6-1,图8-6-2)。

建于元大德五年(1301年)的大成殿,已采用回廊环绕、重檐副阶、殿身七间、副阶九间等做法,明清延续了这一制度。殿坐落于两层石栏须弥座台基上,前有月台。殿高24.8米,面阔45.78米,进深24.89米,覆黄琉璃瓦顶。副阶檐下有28根高5.98米,直径0.81米蟠龙石柱,柱础刻为重层宝装覆莲。台基及副阶柱为明代遗物(图8-6-3)。

殿内正中为孔子塑像,两侧为颜回、孔伋、曾参、孟轲四配,其外是闵损、冉雍、端木赐、仲由、卜商、有若、冉耕、宰予、冉求、言偃、颛孙师、朱熹十二哲塑像。像前有供桌、香案,及祭祀用笾、豆、爵等礼器(图8-6-4)。

大成门前为奎文阁,"奎"为星宿名,因屈曲相钩,有如文字之画,《孝经》称"奎主文章",

图 8-6-3 曲阜孔庙大成殿外观

图 8-6-4 孔庙大成殿室内景观 (辛惠园 摄)

后人将"奎"(或称魁)星演化为文官之首。阁始建于宋天禧二年(1018年),金明昌二年(1191年)与明弘治十七年(1504年)曾大修。阁广7间,长30.10米,进深5间,宽17.62米,高23.35米,外观三重檐,实为两层,中有一个暗层,覆黄琉璃瓦(图8-6-5)。

图 8-6-5 曲阜孔庙奎文阁外观

第七节 清代皇家陵寝建筑

　　清代皇家陵寝受明代，特别是南京明孝陵影响，在选址上讲求风水观念下的山形水势，在空间上重视谒陵神道石像生布置，祭祀建筑模仿宫殿制度，形成"前朝后寝"格局。

　　位于河北遵化的清东陵，始自1663年顺治帝孝陵，终至1908年慈禧定东陵，历246年。有5座帝陵（顺治孝陵、康熙景陵、乾隆裕陵、咸丰定陵、同治惠陵），3座后陵（孝东陵、定东陵普祥峪、定东陵菩陀峪），5座后妃园寝，及大量陪葬墓。仅陵寝部分就占地约74平方公里，有大小墓葬30余座，地面建筑560余座。以顺治帝陵为中心展开，每座陵寝各有自己的神道，其前石牌坊，标志出陵区范围（图8-7-1，图8-7-2）。

图 8-7-1 清东陵康熙景陵

图 8-7-2 清东陵鸟瞰示意图

图 8-7-3 清西陵外观 (CFP)

河北易县清西陵，规制与东陵大致相近。陵区以泰宁山主峰下的雍正帝泰陵为中心，东西两侧分布其他陵寝、墓园。泰陵的神道、碑楼、牌楼、石桥，构成了清西陵的主轴线（图 8-7-3）。自清雍正八年（1730年）雍正帝泰陵始，至 1915年光绪帝崇陵止，历 186 年。陵区占地 100 多平方公里，有 14 座陵寝，及逊位的宣统共 5 位皇帝，陵区内有帝陵 4 座（雍正泰陵、嘉庆昌陵、道光慕陵、光绪崇陵），后陵 3 座（泰东陵、昌西陵、慕东陵），公主与妃子园寝 7 座（图 8-7-4）。此外，还有两组附属建筑：永福寺与行宫。陵寝范围内地面建筑面积 5 万平方米。陵区内有完善的排水系统，且遍植松柏，林木结合山形水势，创造了幽静、森郁的陵园环境。

东陵、西陵帝后主陵的建筑呈南北向布置，南端入口设石牌坊，其后依次布置大红门、圣德功德碑楼、七孔桥、石像生、龙凤门与神道碑楼。每座陵寝各有自己的隆恩门、隆恩殿、配殿、石五供、方城明楼、宝城、宝顶，及神厨等。道光帝慕陵稍加卑逊，陵区内裁去石像生、碑楼、明楼、宝城等，隆恩殿降为 5 间，不施彩绘，但却用楠木建造，殿内满布龙形雕刻（图 8-7-5）。嘉庆帝昌陵隆恩殿中还用花斑石铺地。

除东陵、西陵外，在清代龙兴之地的东北还有清代皇帝祖陵永陵、太祖努尔哈赤福陵，太宗皇太极昭陵（图 8-7-6）。

图 8-7-4 清西陵昌陵（辛惠园 摄）

图 8-7-5 清西陵慕陵隆恩殿内景（彭明浩 摄）

图 8-7-6 沈阳皇太极昭陵（CFP）

第八节　北京清代王府及私家园林

明初恢复分封制，据《明史》，诸王"冕服车旗邸第，下天子一等。"[1]亲王宫城："周围三里三百九步五寸。东西一百五十丈二寸五分，南北一百九十七丈二寸五分。"[2]基址规模近500亩（图8-8-1）。

清代亲王邸宅全部建在京城，有礼亲王、郑亲王、庄亲王、顺承郡王、睿亲王、豫亲王、肃亲王、克勤郡王等清初"八大铁帽子王"王府，及钟郡王、淳亲王、果亲王、恭王等后来的王府。府一般分左、中、右三路，其前有府门。亲王府门5间，郡王府门3间。门前设影壁，门内设二府门。其内为银安殿，其后有后殿、后楼、家庙等（图8-8-2）。

位于西城前海西街的恭王府，原为乾隆时权臣和珅住宅，咸丰初为恭亲王府。府分前后两部分，前为府邸，后为园林，占地85.1亩。前部分中、东、西三路，有南门两重。正门3间，二门5间。二门内为银安殿及左右配殿，其后为后殿"嘉乐堂"及配殿（图8-8-3）。沿中轴线布置的门殿，用绿琉璃瓦顶及吻兽；配殿用灰筒瓦。其后是通贯三路长160余米的后罩楼。东路前院正厅为"多福轩"，后院正厅为"乐道堂"。西路前院正厅为"葆光室"，后院正厅为"锡晋斋"。葆光室与锡晋斋之间设垂花门，门额为"天香庭院"，门南植竹圃，空间幽曲静谧。

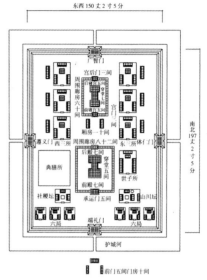

图8-8-1 明代王府典型平面图

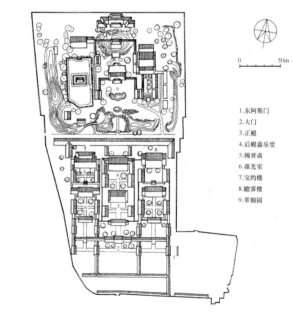

图8-8-2 北京清恭王府平面图

1.东阿斯门
2.大门
3.正殿
4.后殿嘉乐堂
5.锡晋斋
6.葆光室
7.宝约楼
8.瞻霁楼
9.萃锦园

1　明史.卷116.列传第四."诸王"条.北京：中华书局，1974：3557页。

2　[正德]明会典.卷147.工部一.营造一.第四~五页."亲王府制"条.影印文渊阁四库全书.第618册.史部三七六.政书类.台北：台湾商务印书馆，1983：458页。

图 8-8-3 恭王府银安殿外观（CFP）

图 8-8-4 萃锦园内景观（辛惠园 摄）

后部萃锦园，西路有池，中路正门为西洋式拱门，迎门堆叠假山，上题"独乐峰"；后为一水池。正厅 5 间，名"安善堂"。东有"明道堂"，西有"棣华轩"。中轴线最后为"养云精舍" 5 间，两侧折出曲形耳房，屋顶形如蝠之两翼，故名"福殿"。东路为廊院戏楼，前有垂花门，并有流杯亭一座，名"沁秋亭"。门内由东西房及廊舍组成一个庭院，院北为戏楼，戏楼北有北房 5 间，东房两间（图 8-8-4）。

此外，北京城内还有醇亲王府、孚郡王府、庆亲王府等，建筑规制大致接近，之间只有一些小差别。

第九节　河南社旗县山陕会馆

随商业交往扩大，明代以来许多地方商会在外地建立了具有乡谊、接待、交往性质的会馆，以方便当地本乡同胞。为方便进京赶考举子，各地纷纷在京城建立会馆。山陕会馆，由山西和陕西商人在异地建造。

社旗，古称赊旗，位于河南省西南部，明清时是九省交汇水旱码头，商人云集，尤以陕西、山西盐商为多。会馆始创于乾隆二十年(1756 年)，后世续有扩建，光绪十八年（1892 年）形成现在规模。会馆位于县城中心，沿南北轴线依序布置

图 8-9-1 社旗山陕会馆整体外观（CFP）

图 8-9-2 山陕会馆悬鉴楼外观（CFP）

影壁、铁旗杆、悬鉴楼、大拜殿、春秋楼等（图8-9-1）。

为联络乡谊，举行聚会，会馆内会设置戏楼。山陕会馆戏楼，设在建于嘉庆元年（1796年），重修于道光二十一年（1841年），高为3层（约30米），重檐歇山式顶，上覆黄绿琉璃瓦的悬鉴楼后部（图8-9-2）。楼正面3开间，前对二龙戏珠琉璃影壁，两侧有如凌空飞起的八角楼形式钟、鼓楼。楼上布满各种木、石雕装饰。楼背面为戏楼，戏楼顶部绘八卦图案，俗称"八卦楼"，戏楼与会馆主要建筑大拜殿相对而立，反映出戏剧演出的娱神性质（图8-9-3）。与悬鉴楼相接

图 8-9-3 山陕会馆戏楼外观（柳肃 摄）

图 8-9-4 山陕会馆大拜殿外观（CFP）

的钟、鼓楼两侧，还有东、西辕门及马厩。

大拜殿建于同治八年（1869年），由大殿与拜殿两部分组成，高23.14米，内部分前、后殿，前为接待、聚会用宴会厅，后为"暖阁"，供奉关羽神位。殿前两侧有高5尺余的浮雕石刻，殿左右各立一座辅殿，东为药王殿，西为马王殿。配殿之前，左右各设廊庑13间，与其前悬鉴楼围为一个庭院。院内地面全用青石板铺砌而成（图8—9—4）。

会馆中一般会有一座神祠，地方会馆中会供奉该地区崇奉的地方神灵，行业会馆中会供奉该行业礼祀的神灵。如戏剧行业会馆设喜神殿，供奉喜神唐明皇；江西会馆设具有江西地方特色的道教宫观万寿宫；山陕会馆，则设"春秋楼"，供奉代表忠义精神的三国名将关羽，并有关羽夜读《春秋》书的塑像。

会馆中有一组附属建筑，称道坊院，或掖园宫、接官厅，供管理会馆的道士们生活起居之用，也是会馆与地方官府联络、交往之所。

第十节　徽州清代民居西递与宏村

明清经济发展较快，人口增加迅速，砖瓦等材料生产技术与能力大为提高，民居建筑在材料、结构与造型上，达到前所未有水平。外墙与屋顶部分，基本实现了砖、瓦材料普及，使原本显得简陋粗率的乡土民居，变得多姿多彩，坚固耐久。徽州民居是这一时期民居建筑的典型（图8—10—1）。

西递位于安徽黟县城东8公里，占地近13公顷，北宋时已成村，现存民居224幢，祠堂3

图8-10-1 徽州牌坊街外景（辛惠园 摄）

图8-10-2 徽州西递村景观（辛惠园 摄）

图8-10-3 徽州宏村景观（李若水 摄）

座、牌楼1座。村中以一条纵向街道和两条沿溪道路为骨架，形成东向为主，南北延伸，青石铺地的街巷系统，村庄平面略似一个船形。村中街巷、溪流、道路与建筑相宜布置，空间富于变化，建筑造型朴质淡雅（图8—10—2）。

图 8-10-4 宏村典型民居外观（李若水 摄）

图 8-10-5 宏村民居雕刻细部（李若水 摄）

　　位于黟县县城西北 11 公里，有古民居 140 余幢的宏村，在规划中注意房屋布置与水系关系。九曲十八湾的清泉，缭绕于每户门前屋后，既提供日常用水，也方便洗濯。村中月塘一泓碧水，形成水系中枢，起到汇合流泉，调节水流作用，溪水汇入村外的南湖，经过滤后再流入河中（图 8-10-3）。

　　村中建筑为典型徽派民居，栉比鳞次的粉墙黛瓦、高低错落的封火山墙，透出一种清淡的素雅氛围。形式以矩形小院为主，院四周高墙围绕；房屋多为两层，院内空间紧凑严整。院落中各有

用于采光通风、汇集屋顶雨水的天井，并通过便利的排水系统，排入村中水系。每个院落一般只在临街处设一主要入口，其他墙面上，在二层开启一些小窗。这种具有明显防卫性的外观处理，是因为明清时徽州人多出外经商，房屋在方便室内通风、采光前提下，要保证留处家中老人、妇女与儿童的安全（图 8-10-4）。

　　西递与宏村民居中，还保留大量石雕、砖雕与木雕。木雕主要见于房屋的门窗户牖，楣梁屋栋；石雕与砖雕则见于门洞、漏窗，及院内天井中。一些雕刻选自历史故事与民间传说，如木雕"唐肃宗宴官"、"百子闹元宵"；还有一些雕刻被赋予某种吉祥寓意，如漏窗石雕"四喜图"等（图 8-10-5）。村中街头巷尾还分布有便利村民的石凳、水井、石板桥等，透露出邻里间和睦相处，其乐融融的淳朴乡土气息。

第九章
史海觅珠拾遗珍

第一节　秦咸阳阿房宫前殿

第二节　汉长安未央宫与长乐宫前殿

第三节　汉柏梁台与井干楼

第四节　曹魏洛阳陵云台

第五节　北魏洛阳永宁寺塔

第六节　南朝梁建康宫太极殿

第七节　隋大兴禅定寺塔（唐长安庄严寺塔）

第八节　隋洛阳乾阳殿与唐洛阳乾元殿

第九节　唐长安大兴善寺大殿

第十节　唐长安大兴善寺文殊阁

第十一节　唐五台山金阁寺金阁

第十二节　唐总章二年诏建明堂

第十三节　唐长安大明宫含元殿

第十四节　唐长安大明宫麟德殿

第十五节　唐洛阳武则天明堂

第十六节　元上都正殿大安阁

第十七节　元大都大内正殿大明殿

第十八节　元大德曲阜孔庙大成殿

第十九节　开封相国寺明代大殿

第二十节　普陀山明代护国永寿普陀禅寺

尽管有五千年的悠久历史，但中国古代建筑遗存，地下遗址虽然可以追溯到早商时代；最早的石构建筑却只能追溯到 2000 年前的东汉；木构建筑的最早遗存，最早也只能追溯到 8 世纪后半叶。古代木构建筑遗存，时代较为久远者，仅仅是那些地处偏远的佛教寺塔。能够代表一个时代最高水平的建筑物，如皇家宫苑，最早只能追溯到 15 世纪的明代，规制等级较高的礼制祭祀建筑，最早也只能追溯到 14 世纪的元代。

然而，我们不能够认为，仅仅靠这些现有遗存，就可以全面认识中国古代建筑的历史真实。在实际的历史中，古代先民们创造了许多远比我们所了解的建筑遗存要宏伟、高大的建筑实例，堪与世界上同一时代的建筑物相媲美。

君不见数千年的中国古代建筑，"秃南山兮作伟构，如紫阁兮焉居鬼"[1]，却也成就了"猗斯堂之伟构，莫章华之名区"[2]。然而，由于中国建筑以木结构为主要特征，每一时代的代表性建筑物，多已随着飞逝的历史而灰飞烟灭。对于这一历史事实，我们不能够采取历史虚无主义的态度。因为，稍微翻开史书一看，就会发现许多曾经令世人惊叹的伟大建筑，隐藏于历史学家笔下的字里行间。从历史文献的汪洋大海中，掇拾一些星星点点的记录，依据古代建筑的历史与结构逻辑，将那些历史记忆的碎片，做一些基本的拼贴，在读者面前展示一些重要古代建筑可能原貌，就有可能对于中国建筑历史上的这一缺憾多少有一点

弥补。许多中国建筑史学者所做的科学复原研究，就是朝向了这一方向的。

这里从史海中撷取了一些见于记载的建筑实例，将建筑史学界及本人的一些复原研究探索，也呈列于兹，以聊补读者对于古代中国建筑史的遐思。其中或有在复原上尚待深入的，但从一本中国古代建筑艺术概览性书籍的角度来说，历史文献中的那些记载本身，就足以略飨读者对于古代建筑之趣了，所附的复原研究图例，或为读者的遐思，增加一些形象的元素，令读者更增一些阅读的兴趣，亦是本书的意趣所求。

第一节　秦咸阳阿房宫前殿

中国历史上见于史书记载最为宏伟的宫殿是秦阿房宫。据《史记》描述，阿房宫建造始于秦始皇三十五年（公元前 212 年），即始皇嬴政统一中国（公元前 221 年）之后的 10 年，距离秦始皇驾崩仅 3 年，距离秦亡也仅 6 年。显然，这是一个不大可能完成的工程。但从史料的描述，这又是一座旷古未有的宏大工程。

据《史记》，秦始皇三十五年："始皇以为咸阳人多，先王之宫廷小。……乃营作朝宫渭南上林苑中。先作前殿阿房，东西五百步，南北五十丈，上可以坐万人，下可以建五丈旗。周驰为阁道，自殿下直抵南山。表南山之巅以为阙。为复道，自阿房渡渭，属之咸阳，以象天极阁道绝汉抵营

1　钦定四库全书.集部.别集类.北宋建隆至靖康.[宋]李新.跨鳌集.卷三十.襮文.樵对
2　钦定四库全书.集部.别集类.明洪武至崇祯.[明]何景明.大复集.卷二.赋十一篇.明山草堂赋

图 9-1-1 秦始皇阿房宫遗址 (CFP)

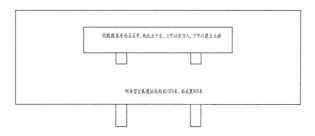

前殿殿基东西五百步,南北五十丈,上可以坐万人,下可以建五丈旗

阿房宫台基遗址东西长1320米,南北宽420米

图 9-1-2 秦阿房宫基址及前殿平面示意图（自绘）

图 9-1-3 阿房宫遗址公园 (CFP)

室也。阿房宫未成；成，欲更择令名名之。"[1]

这里描述了阿房宫的大致位置、空间尺度、周围建筑格局，及其基本的空间构想与象征意义。从这篇文字中，可以知道阿房宫是建造在咸阳城外的上林苑中。这是一座尺度恢弘的皇家苑囿，据《三辅黄图》的描述，汉代时的上林苑，"方三百四十里"。一说，"上林苑方三百里，苑中养百兽，天子秋冬射猎取之。帝初修上林苑，群臣远方，各献名果异卉三千余种植其中。"[2] 显然是一座气势恢弘的大园林，秦始皇朝宫就建造在这座大型苑囿之中。

阿房宫是朝宫的前殿，前殿周围有阁道环绕，殿前远对南山，高大的南山之巅，恰好形成朝宫前的门阙。前殿之后，设有复道，将阿房宫与渭河北岸的咸阳城连通。这座联系阿房宫与咸阳城的复道，如同是天汉中连接营室星的阁道，从而使阿房前殿及朝宫其他部分，与南山、渭河、咸阳城，联系而成一个规模宏伟、巨大的空间体，象征了君临天下大一统帝国皇帝的至高无上与帝国疆域的浩瀚无垠。

当然，最重要的是，史记中记述了阿房宫的基本尺度：东西 500 步，南北 50 丈。上可以坐万人，下可以建五丈旗。秦代时一步为 6 尺，一丈为 10 尺，一尺约为 0.23 米，则可以推算出这座阿房前殿的台基，折合今日的尺度为东西 690 米，南北 115 米。台基面积约为 7.9 万平方米。显然，《史记》中说，其殿上可以坐万人，实非虚语。而其殿基高度也相当可观，这一点从"下可以建五丈旗"中略窥一斑。

据考古发掘，秦阿房宫前殿确有遗址发现（图9-1-1）。现存一座长方形夯土台基，实际探测台基的长度为1320米，宽度为420米，台基顶面距离周围现状地面高度为7~9米。[1]这似乎比文献中所描述的台基尺度还要大。可以将其想象成是整座建筑群的基座，而前殿台基，应该位于这一大型基座之上（图9-1-2，图9-1-3）。但由此巨大台基，或也可以大体上印证古人的记录是接近真实的。

关于阿房宫建筑，史料上还有一些其他的记载，如《三辅黄图》中提到："以木兰为梁，以磁石为门。（磁石者，乃阿房北阙门也，门在阿房前，悉以磁石为之，故专其目，令四夷朝者，有隐甲怀刃，入门而胁止，以示神。亦曰却胡门。）周驰为阁道，度渭属之咸阳，以象太极阁道抵营室也。阿房宫未成，成，欲更择令名名之。"[2]这里说的是其建筑材料之精细，安全措施之严密。

现代考古发掘似乎证明了《史记》所说，"阿房宫未成"的描述。从时间上推算，这样宏大的宫殿，在秦始皇薨殁前3年，秦王朝灭亡前6年才开始兴建，就其工程的规模来说，也是不可能完成的。但从遗址的发掘及文献的描述，可以知道，这至少是中国历史上计划建造且已开工实施的最为宏大的宫殿建筑群之一。其规模之巨大，气势之磅礴，布局之周密，技术之超前，至今仍会令世人感觉唏嘘不已。

1　自百度百科.阿房宫条
2　佚名.三辅黄图.卷一.秦宫
3　[西汉]司马迁.史记.卷八.高祖本纪第八
4　[西汉]司马迁.史记.卷八.高祖本纪第八

第二节　汉长安未央宫与长乐宫前殿

秦末楚汉之争，天下甫定，萧何就开始在都城长安经营汉代第一座宫殿未央宫："萧丞相营作未央宫，立东阙、北阙、前殿、武库、太仓。"[3]未央宫前殿，是未央宫中的主要建筑，也是西汉时代最早营造的宫殿建筑。汉高祖九年（公元前198年）："未央宫成。高祖大朝诸侯群臣，置酒未央前殿。"[4]

在营造未央宫的同时，萧何还营造了长乐宫。长乐宫建成于汉高祖七年（公元前200年），略早于未央宫前殿竣工的时间。两宫的关系是，长乐宫在东，未央宫在西（图9-2-1）。两座宫殿都位于汉长安城内的南部。

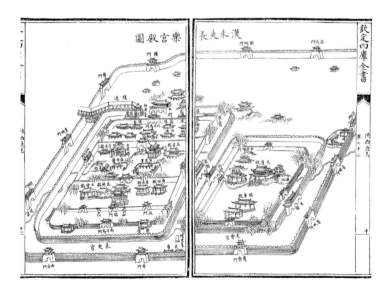

图9-2-1　汉长安未央宫与长乐宫关系图

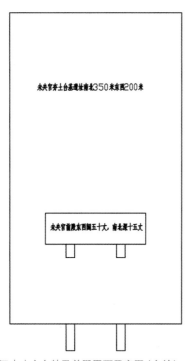

图 9-2-2 汉未央宫台基及前殿平面示意图（自绘）

(a)

(b)

图 9-2-3 汉长安未央宫遗址

关于未央宫中的建筑，《汉书》中略有提及，事见翼奉给汉元帝所上疏："窃闻汉德隆盛，至于孝文皇帝躬行节俭，外省徭役。其时未有甘泉、建章，及上林中诸离宫馆也。未央宫又无高门、武台、麒麟、凤皇、白虎、玉堂、金华之殿，独有前殿、曲台、渐台、宣室，温室、承明耳。"[1]也就是说，在西汉初年时，未央宫中仅有前殿、曲台、渐台、宣室、温室、承明殿等建筑，而至元帝（公元前 48 年—前 32 年）时，宫内又有了高门、武台、麒麟殿、凤皇殿、白虎殿、玉堂殿、金华殿等殿堂。

《三辅黄图》中对于未央宫及其前殿有稍微详细的描述：

1 [东汉] 班固. 汉书. 卷七十五. 眭两夏侯京翼李传第四十五

未央宫周回二十八里，前殿东西五十丈，深十五丈，高三十五丈。（前殿曰路寝，见诸侯群臣处也。）营未央宫因龙首山以制前殿。至孝武以木为棼橑，文杏为梁柱。金铺玉户，华榱壁珰，雕楹玉碣。重轩镂槛，青琐丹墀。左城右平。黄金为壁带，间以和氏珍玉，风至其声玲珑然也。

未央宫有宣室、麒麟、金华、承明、武台、钩弋等殿。又有殿阁三十二，有寿成、万岁、广明、椒房、清凉、永延、玉堂、寿安、平就、宣德、东明、飞羽、凤凰、通光、曲台、白虎等殿。[1]

这里给出了未央宫及其前殿的大略尺度，其宫周回有 28 里，规模相当宏大。而其前殿东西长 50 丈，南北宽 15 丈，殿高为 35 丈。以汉尺为 0.234 米计，折合今尺，其殿东西面广 117 米，南北进深 35.1 米，殿脊距离地面高度 81.9 米。由其高度推测，未央宫前殿很可能是位于一座高大的台基之上的（图 9-2-2）。

据考古发掘，未央宫前殿位于未央宫遗址中心部位，尚存夯土台基，南北长约 350 米，东西宽约 200 米。台基距离周围地面残高约为 15 米。据说台基上有前、中、后三座大型殿堂遗址，说明未央前殿可能是一组殿堂，或与后世明清紫禁

图 9-2-4 长乐宫前殿及两序平面示意图（自绘）

城太和、中和、保和三殿格局有异曲同工之妙。从文献中"金铺玉户，华榱壁珰，雕楹玉碣。重轩镂槛，青琐丹墀。左城右平。黄金为壁带，间以和氏珍玉"的描述，也可以看出这座未央宫前殿所用建筑材料之精美，建筑装饰之华丽（图 9-2-3）。

据《三辅黄图》记载，长乐宫是因秦始皇兴乐宫之旧而加以修缮完成的，其宫周回 20 里。规模与未央宫接近。长乐宫前殿规模也很大，据《三辅黄图》："前殿东西四十九丈七尺，两序中三十五丈，深十二丈。"[2] 折合今尺，长乐宫前殿面广 116.3 米，其两序之间的面广为 81.9 米，殿进深约为 28.08 米。也就是说，这是一座面广 81.9 米，进深 28.08 米的大殿，殿两侧夹有两序，各长 7.35 丈，合今尺 17.2 米（图 9-2-4）。由此可知，长乐宫前殿总面广几乎与未央宫前殿相同。其进深略浅于未央宫前殿。

据《三辅黄图》，在长乐宫中，还有鸿台、临华殿、温室殿。此外，另有长定殿、长秋殿、永寿殿、永宁殿四座殿堂。

1　佚名. 三辅黄图. 卷二. 汉宫
2　佚名. 三辅黄图. 卷二. 汉宫

第三节　汉柏梁台与井干楼

高台建筑兴起于战国时期，至汉代达到顶峰。汉长安城中修建了多座高台，如未央宫中的武台、渐台，长乐宫中的鸿台，都是见于史籍的重要高台建筑。汉武帝时，高台的建造达到一个高潮，先后建造了多座十分高大的高台，如柏梁台、井干台、神明台、通天台等等。一时间，长安城内外高台林立，形成了一道十分特殊的建筑景观。

据《史记》："于是天子感之，乃作柏梁台，高数十丈。宫室之修，由此日丽。"[1]《汉书》中，进一步明确了柏梁台建造于西汉元鼎二年："（元鼎）二年……春，起柏梁台。"[2]《三辅黄图》中则描述为："柏梁台，武帝元鼎二年春起。此台在长安城中北阙内。《三辅旧事》云：'以香柏为梁也，帝尝置酒其上，诏群臣和诗，能七言诗者乃得上。太初中台灾。'"[3]

这里说柏梁台在长安城北阙内，因北阙是未央宫北面的门阙，故柏梁台大约应该在未央宫之北。北魏人郦道元《水经注》，则认为柏梁台在未央宫之北的桂宫内，"未央宫北，即桂宫也，周十余里，内有明光殿，走狗台，柏梁台，旧乘复道，用相迳通。"[4]但其位置在未央宫之北，则是可以确定的。而其高度有"数十丈"，虽然是一个大略

的数字，也说明这是一座十分高大的木构高台。

另外一座高台建筑称"井干楼"。其台是在柏梁台遭火焚后，为厌火而建的。据《汉书》："上还，以柏梁灾故，受计甘泉。……勇之乃曰：'粤俗有火灾，复起屋，必以大，用胜服之。'于是作建章宫，度为千门万户。前殿度高未央。其东则凤阙，高二十余丈。其西则商中，数十里虎圈。其北治大池，渐台高二十余丈，名曰泰液，池中有蓬莱、方丈、瀛洲、壶梁，象海中神山、龟、鱼之属。其南有玉堂璧门大鸟之属。立神明台、井干楼，高五十丈，辇道相属焉。"[5]

为了厌火，汉武帝不仅建造了规模可以与未央宫相媲美的建章宫，而且建造了神明台与井干楼两座高台建筑。《三辅黄图》中也提到了这两座建筑："帝于未央宫营造日广，以城中为小，乃于宫西跨城池作飞阁，通建章宫，构辇道以上下。……左凤阙，高二十五丈。右神明台，高五十丈；对峙井干楼，高五十丈。辇道相属焉，连阁皆有罘罳。"[6]

《水经注》中也说："曰：上于建章中作神明台、井干楼，咸高五十余丈。皆作悬阁，辇道相属焉。《三辅黄图》曰：'神明台在建章宫中，上有九室，……'"[7]显然，这座井干楼，以及与之相毗邻的神明台，位于未央宫西的建章宫内。据

1 [西汉] 司马迁. 史记. 卷三十. 平淮书第八
2 [东汉] 班固. 汉书. 卷六. 武帝纪第六
3 佚名. 三辅黄图. 卷五. 台榭
4 [后魏] 郦道元. 水经注. 卷十九. 渭水下
5 [东汉] 班固. 汉书. 卷二十五下. 郊祀志第五下
6 佚名. 三辅黄图. 卷二. 汉宫
7 [后魏] 郦道元. 水经注. 卷十九. 渭水下

史料记载，神明台与井干楼的高度，均为 50 丈。仍以一汉尺为 0.234 米计，井干楼高约 117 米。这似乎是一个难以令人置信的高度。

但是，据东汉人所撰《西都赋》中所谓："攀井干而未半，目眴转而意迷，舍栉槛而却倚，若颠坠而复稽，魂悦悦以失度，巡回途而下低，既惩惧于登望，降周流以彷徨。步甬道以萦纡，又杳窱而不见阳。排飞闼而上出，若游目于天表，似无依而洋洋。前唐中而后太液，览沧海之汤汤。"[1] 至少可以猜测，其高度在当时人的心目中，确实是非同寻常的。所以，登临者才会有丢魂失魄，恐惧彷徨的感觉。从这首赋中，还可以知道，井干楼位于建章宫中的唐中殿与太液池之间。而攀登井干楼，则是通过楼中萦纡环绕的甬道而上的。

第四节　曹魏洛阳陵云台

陵云台，又称凌云台，是三国曹魏时所建的一座高台建筑，见于南北朝时人刘义庆所撰《世说新语》：

> 陵云台楼阁精巧。先称平众木轻重，然后造构，乃无锱铢相负揭。台虽高峻，常随风摇动，而终无倾倒之理。魏明帝登台，惧其势危，别以大材扶持之，楼即颓坏。论者谓轻重力偏故也。[2]

显然，这是一座十分精妙的建筑，其受力均匀与合理，任何多余构件，都会导致结构因失去平衡而遭受破坏。为什么魏明帝登台时，会感到恐惧呢？除了陵云台很精巧，可以随风摇曳外，很可能还因为陵云台十分高大。

关于陵云台高度，史料中有两种不同说法。一说，高 23 丈；另一说，高 8 丈。据北宋王应鳞撰《玉海》："《三国志》，文帝黄初二年，筑陵云台。(《洛阳记》曰：高二十三丈，登之见孟津。《洛阳簿》，凌云台阁十一间。《述征记》曰：陵云台在明光殿西，高八丈。)"[3]

《世说新语》引《洛阳宫殿簿》则给出了另外一个高度："《洛阳宫殿簿》曰：陵云台上壁方十三丈，高九丈，楼方四丈，高五丈，栋去地十三丈五尺七寸五分也。"[4] 这是一个比较精准的数字。如果以台上殿堂高 5 丈，殿堂的屋脊高 13.575 丈，可以反推出其台座高度为 8.575 丈。

以其台上楼阁，仅为 4 丈见方，与前引《洛阳簿》所说"凌云台阁十一间"显然相悖。故可以推测，其台座部分是按照面广、进深各 11 间架构的。以当心间开间 1.2 丈，两侧次、梢间开间均为 1 丈计，基座平面尺寸为 11.2 丈见方。与其台顶面四壁方 13 丈相较，尚有 1.8 丈的宽度差。也就是说，陵云台是在台座四周各出挑了 0.9 丈。在如此高的位置上，还向外出挑近 1 丈的距离，人在其上，如临半空，这也许就是引起

1　[南朝宋] 范晔. 后汉书. 卷四十上. 班彪列传第三十上
2　钦定四库全书. 子部. 小说家类. 杂事之属. [南朝宋] 刘义庆. 世说新语. 卷下之上
3　钦定四库全书. 子部. 类书类. [宋] 王应鳞. 玉海. 卷一百六十二. 宫室. 魏陵云台
4　钦定四库全书. 子部. 小说家类. 杂事之属. [南朝宋] 刘义庆. 世说新语. 卷下之上

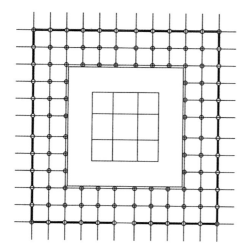

图 9-4-1 陵云台基座平面想象图（自绘）

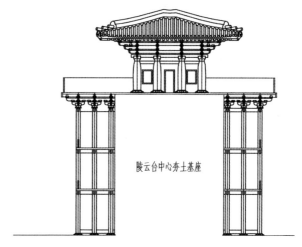

图 9-4-3 陵云台基座剖面想象图（自绘）

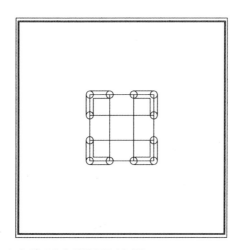

图 9-4-2 陵云台台顶平面图（自绘）

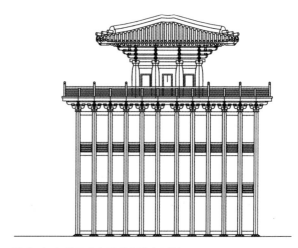

图 9-4-4 陵云台立面想象图（自绘）

魏明帝惊惧的主要原因。

　　《世说新语》中的这一说法，也见于《三国志补注》："是岁筑陵云台。（《洛阳宫殿簿》曰：陵云台上壁方十三丈，高九丈，楼方四丈，高五丈，栋去地十三丈五尺七寸五分也。）"这一描述与《世说新语》中的十分接近。只是，这里明确提出了台高 9 丈，与《述征记》的 8 丈说大略接近，可以

印证台上楼之栋去地 13.575 丈是可信的。以三国时魏尺为今尺 0.242 米计，根据《世说新语》的记载，大致可以推算出这座高台建筑的基本尺寸：

台顶面高：8.575 丈 = 20.75 米

台顶四壁方：13 丈 = 31.46 米

台基座方（柱中线）：11.2 丈 = 27.10 米

台顶面每侧出挑：0.9 丈 = 2.18 米

台上楼阁长宽：4 丈 = 9.68 米

台上楼阁高：5 丈 = 12.10 米

台上殿脊距地面高：13.575 丈 = 32.95 米

或可以根据这一尺寸，按照木结构建造方式，粗略绘出这座高台大致形式。由于缺乏三国时代木构建筑案例，这只能是一个想象性原状推测（图9-4-1，图9-4-2，图9-4-3，图9-4-4）。以"四柱成台"的概念，其高大的台座，参照敦煌壁画中高架的寺院经台（或钟台）做法，直接用木柱支撑。台顶四周有护栏，台中心是一座高为5丈，进深与面阔各为3间，轴线边长为4丈的小殿。有趣的是，距离三国末年稍近的北齐义慈惠石柱上小殿（图9-4-5），其形态与比例恰好与之相近。将这座小殿正立面面阔按比例放大为4丈（柱中线线距离），其殿顶立面高度也恰好为5丈。这至少从一个侧面证明了，自三国至南北朝时期，木构建筑有一定比例控制。

关于陵云台，还有一些其他描述。一是陵云台的筑造时间，据《三国志》："(黄初二年)十二月，东巡。是岁筑陵云台。"[1]说明陵云台建造于三国时的魏文帝黄初二年（221年）。

二是，陵云台的功能，并非登高望远那么简单，如魏元帝景元元年（260年）："五月戊子夜，使冗从仆射李昭等发甲于陵云台，……"[2]而至

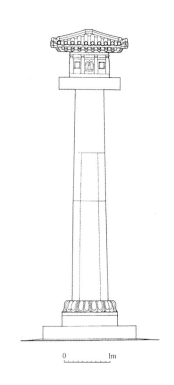

图 9-4-5 北齐义慈惠石柱立面图

东晋十六国南北混战之时，洛阳陵云台甚至成为了屯兵之所："又有亡命司马道恭自东垣率三千人屯城西，亡命司马顺明五千人屯陵云台。"[3]既然台内可以屯兵，说明陵云台台座内是有建筑空间的。

三是，陵云台在后来的西晋、北魏时尚存于世。西晋惠帝时，陵云台曾是帝王会宴臣子之所："惠帝之为太子也，朝臣咸谓纯质，不能亲政事。瓘每欲陈启废之，而未敢发。后会宴陵云台，瓘托醉，因跪帝床前曰：'臣欲有所启。'"[4]这说明，西晋惠帝时，曾将陵云台作为皇帝会宴、起居之所。

1 [晋]陈寿.三国志.卷二.魏书二.文帝纪第二

2 [唐]房玄龄.晋书.卷二.帝纪第二.景帝文帝

3 [南朝梁]沈约.宋书.卷四十五.列传第五.王镇恶传

4 [唐]房玄龄.晋书.卷三十六.列传第六.卫瓘传

此外，北魏时的陵云台上，甚至有一个八角井。事见北魏人撰《洛阳伽蓝记》："千秋门内道北有西游园，园中有凌云台，即是魏文帝所筑者。台上有八角井。高祖于井北造凉风观，登之远望，目极洛川。台下有碧海曲池。台东有宣慈观，去地十丈。"[1] 在一座木构高台上如何筑井，令人颇感疑惑。一个可能的理解是，陵云台中心部分，可能是夯土筑造的中心土结构。在土筑中心结构外，再用木柱、阑额、地栿、腰串等横向联系构件，将木结构与夯土台结合为一个整体。台顶小殿建造在夯土台上，在夯土台内，垒砌出一眼八角井，从地面直贯台顶，为台顶提供水源，也是一种可能的做法。若果有井，则晋惠帝曾在台上会宴群臣之事，也就容易得到解释了。

第五节　北魏洛阳永宁寺塔

建于孝明帝熙平元年（516年）的北魏洛阳永宁寺塔是中国古代历史上曾经建造过的最高木构建筑。关于其记载主要有两处：一是北魏杨衒之的《洛阳伽蓝记》，二是北魏郦道元的《水经注》。

杨衒之言此塔："有九层浮图一所，架木为之，举高九十丈。上有金刹，复高十丈，合去地一千尺。"[2] 其言带有强烈文学色彩。郦道元的描述比较严谨："作九层浮图，浮图下基方一十四丈，自金露盘下至地四十九丈。取法代都七级而又高广之。"[3]

《北魏永宁寺塔基发掘简报》一文提供了永宁寺塔基址保存的详细情况（图9-5-1）：

> 塔基位于寺院中心，现今尚存一高出地面5米许的土台。基座呈方形，有上下两层，皆为夯土版筑而成。下层基座位于今地表面下0.5～1米，据钻探得知东西广约101米，南北宽约98米。……在下层夯土基座的中心部位，筑有上层夯土台基，并在台基四面用青石垒砌包边。这即是建于地面以上的木塔的基座。高2.2米，长宽均为38.2米。……台基表面有一层"三合土"硬面，应为塔基檐墙内外的路面。[4]

图9-5-1 永宁寺塔遗址

1 [后魏] 洛阳伽蓝记. 卷一. 城内

2 [后魏] 杨衒之. 洛阳伽蓝记. 卷一. 永宁寺

3 [后魏] 郦道元. 水经注. 卷十六. 谷水

4 中国社会科学院考古研究所洛阳工作队. 北魏永宁寺塔基发掘简报. 自洛阳市文物局. 汉魏洛阳故城研究. 第101页. 科学出版社. 2000年. 北京

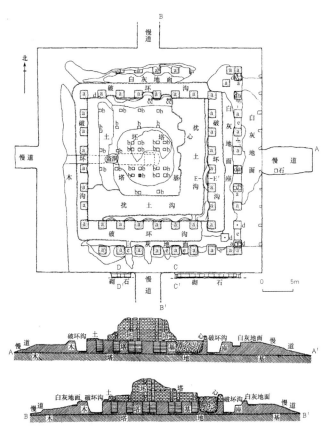

图 9-5-2 永宁寺塔遗址平面图、剖面图（钟晓青 提供）

图 9-5-4 北魏石塔与唐代兴教寺玄奘塔

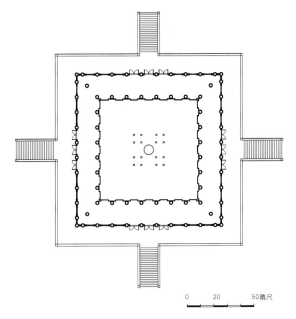

图 9-5-3 永宁寺塔复原平面图（自绘，李菁 整理）

　　根据这一报告，现存上层台基 38.2 米的长宽尺寸，约合北魏尺 14 丈，与《水经注》的记载吻合，从而也印证了自塔刹以下高 49 丈的记载是可信的。并反推出永宁寺塔建造用尺，约合今尺 27.28 厘米。而报告还提供了一个清晰的首层柱网平面（图 9-5-2，图 9-5-3）。据此，建筑史学者钟晓青绘制出了永宁寺塔的首层平面、剖面与立面。

　　根据北魏石窟中佛塔造型，可知北魏时的楼阁式塔，呈逐层递减模式。逐层递减率十分接近，这一特点也见于初唐所建长安兴教寺玄奘塔（图 9-5-4）上。此外，据建筑史学家傅熹年的研究，古代楼阁式塔大致遵循了一条规则：塔的高度，

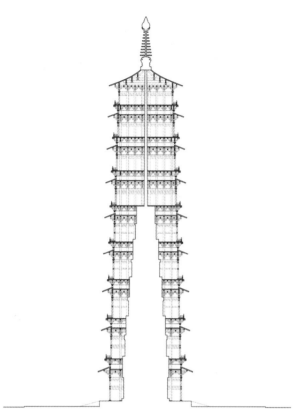

图 9-5-5 永宁寺塔剖面复原图（自绘）

图 9-5-6 永宁寺塔立面复原图（敖仕恒　绘，王贵祥　改绘）

与塔首层柱子高度之间，存在一定比例关系。亦即，古人将首层柱高作为塔身高度控制的扩展性模数。相当于中国隋代的日本飞鸟时代所建法隆寺五重塔，也遵循了这条规则。说明以首层塔高为扩展模数的做法，在中国南北朝时期楼阁式塔中可能已经出现。

另有一个特点，中国古代建筑屋顶，越往早期追溯，其起举高度越为低缓。即使存在高塔顶层屋顶为调整视觉误差而略加提高，似也明显低于后世殿堂建筑的起举高度。

基于这一分析，可在钟晓青研究的基础上，做一点些微的调整。首先，郦道元提供的这组数据，下基方 14 丈，自金露盘下至地 49 丈。其间存在一个通约数：二者都是数字 7 的倍数。也就是说，其塔基长、宽，为两个 7 丈；塔刹以下高度，为 7 个 7 丈。若以首层塔柱高 3.5 丈（7 丈的 1/2），则其刹基下缘距离塔基地面高度，恰好为首层柱高的 14 倍。

以首层柱高为 3.5 丈，其上各层柱高，呈现一个递减差值。按每层柱高比下一层柱高降低了相当于首层柱高约 0.057 倍的高度差推算，可以得出一组递减率十分整齐的柱高值，即：

首层 3.5 丈、二层 3.3 丈、三层 3.1 丈、四层 2.9 丈、五层 2.7 丈、六层 2.5 丈、七层 2.3 丈、八层 2.1 丈、九层 1.9 丈

然后，参照北朝石窟中所见檐下斗栱形式，推测出永宁寺塔首层、二层以上，及各层平坐斗栱，并按照钟晓青所提斗栱用材为 1.5 北魏尺推测，算出逐层外檐及平坐斗栱高度。将所有这些高度综合起来，可以得出第九层柱头外檐斗栱上橑檐方上皮的标高及前后橑檐方距离。依据此距离，按 1/4 起举，会得出一个十分接近 49 丈的高度。这里恰是顶层屋顶脊栋处的高度。而塔刹基座高度，应略低于这一脊栋高度。将塔刹基座线定在距离塔基顶面 49 丈的高度上，略低于这一脊栋高度，且恰好与屋顶举折曲线相合（图

9—5—5，图 9—5—6，图 9—5—7）。

自这一塔刹基座再向上 7 丈，应是塔刹顶端宝珠上皮高度。这一塔刹高度，不仅比例适当，且仍保持了与首层塔柱高 3.5 丈相合的比例规则。由此，使人们可以向永宁寺塔真实原貌靠近了一步。

第六节　南朝梁建康宫太极殿

据《周礼·冬官考工记》，周代以来的王城制度，有"面朝后市，左祖右社"规划原则。这一原则，在宫殿建筑中又发展为前朝后寝布局方式。秦汉时期前朝建筑中，最重要建筑是前殿，如秦阿房宫前殿、汉未央宫前殿等。

自三国始，前殿制度出现一些变化。曹魏时开始将前殿冠以"太极"之名，魏文帝青龙三年（235 年），"是时，大治洛阳宫，起昭阳、太极殿，筑总章观。"[1] 其太极殿相当于"前殿"，故又称太极前殿。昭阳殿位于太极殿之北。此时还出现"东西堂制度"，如在太极前殿之东，有"太极东堂"。由此推知，其对称位置应有太极西堂。

太极殿，或太极前殿，及东西堂做法，一直延续到两晋南北朝时期。南朝建康宫中亦有太极前殿。南朝宋书中并有"太极殿西堂"、"太极东堂"之说。据《宋书》："按太极、东堂，皆朝享听政之所。"[2] 太极殿的作用相当于前朝正殿。

既然是代表最高权威的正殿，也就成为古代社会最高等级建筑。至少在南北朝时，太极殿一度为"十二间"格局，以象征一年的 12 个月。但这种一直沿袭的 12 开间太极前殿制度，

图 9—5—7 永宁寺塔复原透视图（李德华 绘）

---

1 ［晋］陈寿. 三国志. 卷三. 魏书三. 明帝纪第三
2 ［南朝梁］沈约. 宋书. 卷三十二志. 第二十二. 五行三

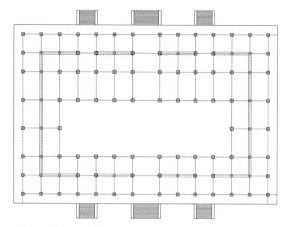

图 9-6-1 南朝梁建康宫太极殿平面推想图（自绘）

形成一字排开五座殿阁布局。殿前方形庭院面积为 60 亩。

根据这一描述，可以大致推想出这座太极殿的平面与造型。是其通面广 13 间，总 27 丈，通进深 17 丈推测，这可能是一座面广 13 间，其当心间 3 丈，其余次、稍间各 2 丈；进深 7 间，心间及两次间各 3 丈，前后两稍间，各 2 丈的平面格局（图 9-6-1）。

从其剖面看，可以形成三重屋檐：前后各为两进进深 2 丈的下层檐与中层檐，中间通过大梁、梁架，形成一个进深 9 丈的中央空间。以殿高为 8 丈计，其屋顶举折十分平缓，恰与南北朝时建筑风格相一致（图 9-6-2，图 9-6-3）。

以南朝尺为 0.251 米[3] 计，太极殿基本尺度为：

东西面广：27 丈 = 67.77 米
南北进深：17 丈 = 42.67 米
高：8 丈 = 20.08 米

另以南朝时一步为 6 尺：

0.251×6 = 1.506 米
一亩为 240 步计，一南朝亩为：
1.506×1.506×240 = 544.33 平方米
则南朝梁太极殿前方庭面积为：
544.33 平方米 ×60 = 32659.8 平方米

在南朝梁时，变成了"十三间"形式。梁武帝天监十二年（513 年），"辛巳，新作太极殿，改为十三间。"[1] 关于这一点，宋人撰《景定建康志》引《旧志》做了较为详细的描述：

太极殿，建康宫内正殿也。晋初造，以十二间，象十二月。至梁武帝，改制十三间，象闰焉，高八丈，长二十七丈，广十七丈，内外皆以锦石为础。次东有太极东堂，七间；次西有太极西堂，七间，亦以锦石为础，更有东西二上阁，在堂殿之间。方庭阔六十亩。（旧志）[2]

由此可知，将原为 12 间的太极殿改为 13 间，自有其象征意义。在南朝梁太极殿两侧的东西堂各为 7 间，太极殿与东西堂间，还有两座楼阁，

1 [唐]姚思廉.梁书.卷二.本纪第二.武帝中
2 钦定四库全书.史部.地理类.都会郡县之属.[宋]周应合.景定建康志.卷二十一
3 刘敦桢.中国古代建筑史.第421页.附录三.历代尺度简表.中国建筑工业出版社.1984年

图 9-6-2 建康宫太极殿剖面推想图（自绘）

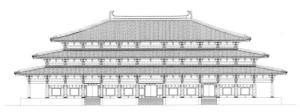

图 9-6-3 建康宫太极殿立面推想图（自绘）

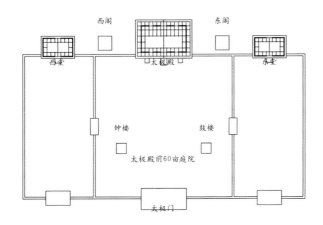

图 9-6-4 南朝梁建康宫太极殿及东、西堂总平面推想图（自绘）

也就是说，假如这座庭院是方形的，以32659.8 开平方，其边长为 180.72 米。在庭院北侧布置有三座殿堂与两座楼阁。以庭院尺寸推知，太极殿与东西堂前应各有庭院（图 9-6-4）。

第七节　隋大兴禅定寺塔
（唐长安庄严寺塔）

隋大兴（唐长安）城规划者宇文恺，于仁寿三年（603 年），在大兴城西南隅永阳坊，建造了一座大寺院——禅定寺，寺中设置了一座高层木塔：

> 次南永阳坊（坊之西南即京城之西南隅）：半以东大庄严寺（隋初置宇文政别馆于此坊。仁寿三年，文帝为献后立为禅定寺。宇文恺以京城之西有昆明池，地势微下，乃奏于此寺建木浮图，崇三百三十尺，周回一百二十步，大业七年成。武德元年改为庄严寺。天下伽蓝之盛，莫盛于此寺。）[1]

然而，这并非事情的全部，炀帝时在这座禅定寺西侧，又建立了另外一座规模与之相当的大型寺院，也称为禅定寺：

> 半以西大总持寺（隋大业三年，炀帝为文帝所立。初名大禅定寺。寺内制度与庄严寺正同。武德元年改为总持寺。庄严、总持，即隋文、献后宫中之号也。）[2]

据清人徐松《唐两京城坊考》："西，大总持寺。（隋大业三年，炀帝为文帝所立，初名大禅定。寺内制度与庄严寺正同，亦有木浮图，高下与西

1　钦定四库全书.史部.地理类.古迹之属.[宋] 宋敏求.长安志.卷十.唐京城四
2　钦定四库全书.史部.地理类.古迹之属.[宋] 宋敏求.长安志.卷十.唐京城四

浮图不异。武德元年改为总持寺。)"[1] 也就是说，西禅定寺也有一座与东禅定寺高低、大小相同的木塔。关于这两座寺院与佛塔的更早记录，见于唐人韦述撰《两京新记》。

《旧唐书》载："大历十年二月，庄严寺佛图灾。初有疾风，震雷薄击，俄而火从佛图中出，寺僧数百人急救之，乃止，栋宇无损。"[2] 说明东禅定寺塔，在大历十年（775年）曾遭雷击起火，但很快被僧人扑灭。唐宣宗于大中七年（853年）曾经登塔，可知这座东禅定寺塔，至宣宗时已存在了251年，而且很可能一直屹立到唐末。若假设这寺院及塔，是伴随唐代灭亡（907年）而遭毁圮的，则至少可以推知，隋代所建木塔，曾在隋唐长安城内屹立了305年之久。

这里有两个基本数据：一，塔高330尺；二，塔周回120步。这是一组关键性的基础数据。首先，有了塔基周回尺寸，这就有可能推测出塔身基座平面边长尺寸；其次，有了塔的总高。而有了这两个最重要基础性数据，再从隋唐建筑结构与造型逻辑出发，就可能科学地推测出最接近原初设计的造型形式（图9-7-1，图9-7-2）。

经过分析推测出的禅定寺塔为7层，首层用"周匝副阶"，面广与进深均为7间，2层至7层，面广与进深均为5间。首层副阶檐柱子高度为1.8丈，二层比首层柱子高度减0.2丈，自第三层始，以上各层按0.1丈递减，柱高分别为1.6丈、1.5丈、1.4丈、1.4丈、1.2丈、1.1丈。

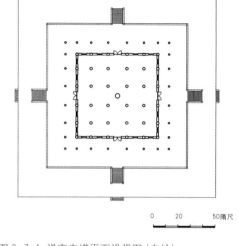

0   20   50隋尺

图 9-7-1 禅定寺塔平面推想图（自绘）

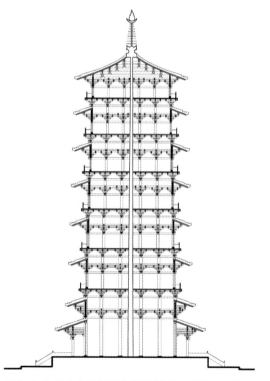

图 9-7-2 禅定寺塔剖面推想图（自绘，敖仕恒 整理）

1 [清] 徐松.唐两京城坊考.卷四.西京
2 [后晋] 刘昫等.旧唐书.卷三十七.志第十七.五行

参照宋《营造法式》："凡楼阁，上屋铺作或减下屋一铺。其副阶缠腰铺作不得过殿身，或减殿身一铺。"[1] 将首层塔身檐柱柱头铺作定为七铺作，其下副阶檐柱，减塔身首层檐柱一铺，为六铺作出；二层塔身檐柱铺作，亦比首层塔身檐柱减一铺，为六铺。二层以上各层塔身檐柱铺作亦均为六铺作。各层所用铺作均以一等材计，材高设定为1.5尺。

按照平坐铺作比上屋铺作减一铺的规则，二层平坐斗栱应比二层外檐铺作减一铺，为五铺作。二层以上各层平坐，也照此处理，各为五铺作。这样，就确定了各层柱上的斗栱，从而确定各层铺作高度与出檐长度。此外，由于塔身在整体上有收分，各层塔柱均向内收，从而形成整体上的收分造型。

禅定寺塔营造用尺，应参照隋代用尺，以1尺＝0.273米计，由此尺推算出的禅定寺塔基本尺寸为：

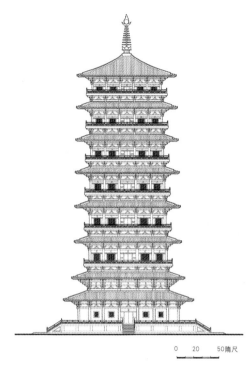

图 9-7-3 禅定寺塔立面推想图（敖仕恒 绘）

塔基周回 120 步，600 尺，合今尺 163.8 米

塔基边长 30 步，150 尺，合今尺 40.95 米

塔首层副阶平面边长 110 尺，合今尺 30.03 米

二层塔基高 11 尺，合今尺 3.003 米

塔第七层屋顶脊栋下标高 283.94 尺，合今尺 77.52 米

塔总高 330 尺，合今尺 81.9 米

由此可知，以隋尺折算的禅定寺塔，首层副阶方形平面边长 30.03 米，塔总高 81.9 米（折

图 9-7-4 隋禅定寺塔外观透视图（李德华 绘）

---

1 [北宋] 李诫. 营造法式. 第四卷. 大木作制度一. 总铺作次序

合每层平均高度 11.7 米)(图 9-7-3,图 9-7-4),
是一个十分接近现存山西应县佛宫寺释迦塔平面
宽度与塔身高度的尺寸。应县木塔首层八角形平
面直径 30.27 米,实测塔总高 65.89 米(折合每
层平均高度 13.2 米)。两者在这几个基本尺寸上,
彼此相当接近。

第八节　隋洛阳乾阳殿与
　　　　唐洛阳乾元殿

自 7 世纪初至 9 世纪末,在洛阳城西北隅隋
唐宫殿中心位置上,先后建造了隋乾阳殿、唐高
宗乾元殿、先后两座唐武后明堂及唐玄宗乾元殿,
上演了一部波澜壮阔、跌宕起伏起伏的国家建造
大剧。

首先,这里所建的第一座大殿是隋洛阳宫正
殿——乾阳殿,关于这座殿的描述,史籍上往往
极言其大,唐人张玄素在劝谏唐太宗不要再重修
乾阳殿时曾说:

> 臣又尝见隋室初造此殿,楹栋宏壮,大
> 木非随近所有,多自豫章采来。二千人曳一
> 柱,其下施毂,皆以生铁为之,中间若用木
> 轮,动即火出,铁毂既生,行一二里即有破
> 坏。仍数百人别赍铁毂以随之,终日不过进
> 三二十里。略计一柱已用数十万功,则余费
> 又过倍于此。[1]

这座大殿柱子巨大,一根柱子的原材需 2000
人拖拽,用功有数十万之众。其建筑物体量的巨
大,可以想见。较为详细记载了这座大殿基本量
度的,是去隋未远的唐代人杜宝撰《大业杂记》:

> 永泰门内四十步有乾阳门,并重楼。乾
> 阳门东西亦轩廊周匝,门内一百二十步有乾
> 阳殿。殿基高九尺,从地至鸱尾高一百七十
> 尺,又十三间,二十九架,三陛(一作阶)
> 轩。文楷镂槛,栾栌百重,桼栱千构,云楣绣柱,
> 华榱碧档,穷轩甍之壮丽。其柱大二十四围,
> 绮井垂莲,仰之者眩曜。南轩垂以珠丝网络,
> 下不至地七尺,以防飞鸟。[2]

这里给出了这座乾阳殿建筑本身的几个尺寸
关系:

1. 殿基高 9 尺;
2. 从地至鸱尾高 170 尺;
3. 面广 13 间;
4. 进深 29 架;
5. 三陛(或阶)轩;
6. 柱大 24 围。

隋乾阳殿存世不足 18 年,其间曾被隋末战
乱中拥兵自重的王世充占据。唐武德四年(621

1　全唐文.卷148.张元素.谏修洛阳乾阳殿书
2　钦定四库全书.子部.杂家类.杂纂之属.说郛.卷一百十上.[南宋]刘义庆辑.大业杂记

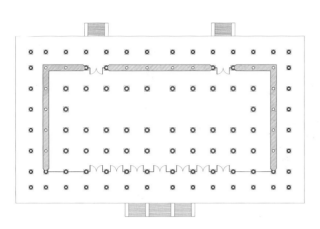

图 9-8-1 乾阳殿与乾元殿平面推想图（自绘）

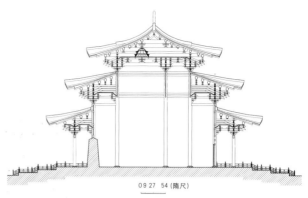

图 9-8-2 隋洛阳宫乾阳殿剖面图（自绘）

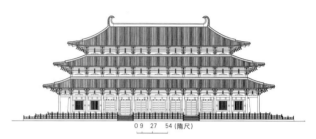

图 9-8-3 隋洛阳宫乾阳殿立面图（杨博 绘）

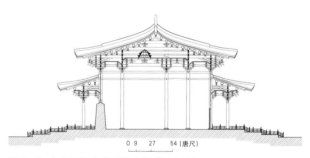

图 9-8-4 唐洛阳宫乾元殿剖面图（自绘）

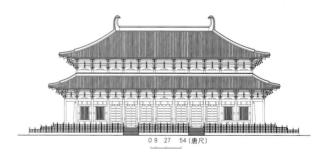

图 9-8-5 唐洛阳宫乾元殿立面图（杨博 绘）

年），唐兵克世充所据洛阳宫，"秦王世民观隋宫殿，叹曰：'逞侈心，穷人欲，无亡得乎！'命撤端门楼，焚乾阳殿，毁则天门及阙。"[1] 然而事情仅过去 9 年，至贞观四年（630 年），太宗李世民又萌生重建乾阳殿念头。

事情又过了 26 年，据北宋王溥《唐会要》载，高宗显庆元年（656 年）：

> 敕司农少卿田仁汪，因旧殿余址，修乾元殿，高一百二十尺，东西三百四十五尺，南北一百七十六尺，至麟德二年二月十二日，所司奏，乾元殿成。[2]

这几条记述的基本点是一致的：

1. 唐乾元殿是因隋乾阳殿旧址（旧殿余址）而建；

1 [宋] 司马光，《资治通鉴》，卷189，"武德四年"。
2 [宋] 王溥，《唐会要》，卷30。

图 9-8-6 唐洛阳宫乾元殿外观透视图（李德华 绘）

2. 乾元殿高 120 尺；

3. 乾元殿东西通面广 345 尺；

4. 乾元殿南北通进深 176 尺。

这里没有殿基的高度，也没有面广开间数，亦没有进深开间及橼架数。但却有了精确记载的东西面广尺寸与南北进深尺寸，恰与仅有面广开间数与进深橼架数的隋乾阳殿形成了一个具有互补性的对比。

无论如何，从如上分析，可以得出一个推论：利用隋乾阳殿旧殿余址修造的唐乾元殿，与隋乾阳殿在平面的面广、进深尺寸与开间数、橼架数

及台基高度方面的数据具有共享性：

1. 面广为 13 间，东西广 345 尺；

2. 进深为 29 架，南北深 176 尺；

3. 基高为 9 尺。

根据这些基本数据，进一步展开复原研究，并依据其他相关分析，以及所知唐代木构建筑基本规则，绘制出隋乾阳殿（图 9-8-1，图 9-8-2，图 9-8-3）与唐高宗乾元殿（图 9-8-4，图 9-8-5）的平面、立面与剖面。[1] 从而可以将隋唐洛阳宫中的这两座大殿重新展示在今人的面前（图 9-8-6）。

---

1 参见中国建筑史论汇刊. 第三辑. 第97~141页. 王贵祥. 关于隋唐洛阳宫乾阳殿与乾元殿的平面、结构与形式之探讨. 清华大学出版社. 2010年

第九节　唐长安大兴善寺大殿

占长安城内朱雀大街东侧靖善坊一坊之地的大兴善寺,是隋唐两代的国家寺院。寺初创于西晋武帝时,初名遵善寺。隋代建大兴城,将寺移至皇城之南,改称大兴善寺。寺中除大殿外,还有一些楼阁建筑,如"唐元和四年建修转轮藏经阁;太和二年,得梵像观音,移大内天王阁于寺中,作大士阁。唐末独二阁存焉。"[1]

据《陕西通志》,至清代寺院规模依然很大。顺治五年(1648年),"重修方丈、大雄殿,周垣四百丈。"以其规模之大,可以想象,寺中主要建筑大兴善寺大殿,尺度亦十分宏巨。关于这座寺院主殿更早的记载,见于唐人撰《续高僧传》,其中有:

> 时京师兴善有道英神爽者,亦以声梵驰名。道英喉颡伟壮词气雄远,大众一聚其数万余声调棱棱高超众外。兴善大殿铺基十亩,栈扇高大非辛摇鼓。[2]

这里给出了大兴善寺大殿占地面积,其殿基总面积有10亩。因释道英是唐代人,且大兴善寺大殿,在唐代曾重建,其殿基面积应以1唐尺 = 0.294米计,一亩合今518.62平方米,10亩殿基,面积约为5186.2平方米。若设其殿为13间,以平均每间为今尺7.5米计,通面广接近100米,则其通进深约为通面广1/2,亦可能50米余左右。大约相当于现存面积最大古代木构建筑北京故宫太和殿(约2377平方米)面积的两倍以上。

再以尺计,以一唐亩为240方步,一唐步为5唐尺,则一方步应为25方步。由此可推出大兴善寺10亩之基,约为60000平方尺,大约是一个245尺见方的正方形,即:

$$245（尺）\times 245（尺）= 60025 平方尺$$

但这样一座大型殿堂不可能是一个正方形平面,依据唐辽时期大型殿堂平面比例规则,应是一个进深与面广之比为1:2的长方形。历史实例中,堪与其相较者,可推唐高宗所建造洛阳宫正殿乾元殿,其殿"东西三百四十五尺,南北一百七十六尺。"[3]其面积为:345（尺）×176（尺）= 60720（平方尺）,似略大于大兴善寺大殿殿基面积。

参照唐乾元殿的长宽尺寸,或可以推想,大兴善寺大殿,亦可能是一座面广13间,通阔345唐尺,通进深约170唐尺左右的大型木构殿堂(345×170 = 58650平方尺,接近10唐亩的面积)。显然,这一尺寸几乎与通面广345尺,通进深176尺的唐洛阳宫正殿乾元殿不相上下。其高度似也不会比两重屋檐,高为120尺的乾元殿

1　钦定四库全书.史部.地理类.都会郡县之属.[清]陕西通志.卷二十八.祠祀一(寺观附)

2　[唐]释道宣.续高僧传.卷三十.隋京师日严道场释慧常传

3　[宋]王溥.唐会要.卷三十.洛阳宫

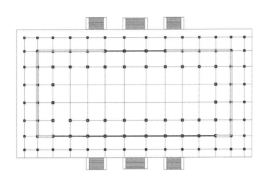

图 9-9-1 唐长安大兴善寺大殿平面推想图（自绘）

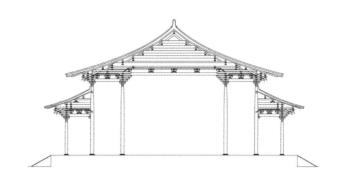

图 9-9-2 唐长安大兴善寺大殿剖面推想图（自绘）

矮多少。或可以参照此前复原的乾元殿尺寸绘制出这座大殿的平面、立面与剖面（图 9-9-1，图 9-9-2，图 9-9-3）。

宋人撰《长安志》中有关大兴善寺一条，谈到"大兴善寺尽一坊之地。寺殿崇广为京城之最（号曰大兴佛殿，制度与太庙同）"。[1]太庙无疑是唐代最高等级建筑物，这从一个侧面说明，大兴

善寺大殿采用了唐代最高等级的建筑规制。

由此似也可以一窥隋唐佛寺建筑尺度之巨大，规模之宏伟。从而从一个侧面了解，隋唐时代最高规格的建筑，无论是皇宫正殿，还是皇家寺院主殿，或宫廷太庙主殿，其体量都可能有面广 13 间，殿基面积近 10 亩，合今尺约 5000 多平方米的宏大尺度与规模。

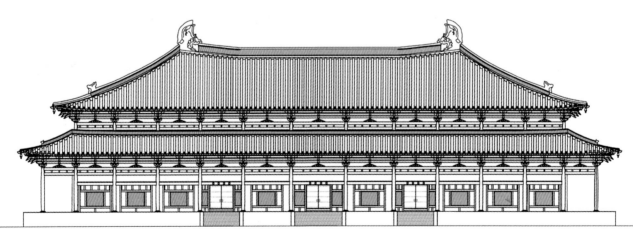

图 9-9-3 唐长安大兴善寺大殿立面推想图（自绘）

---

1 钦定四库全书. 史部. 地理类. 古迹之属. [宋] 宋敏求. 长安志. 卷七. 唐京城

第十节　唐长安大兴善寺文殊阁

长安大兴善寺，不仅有规制与尺度与太庙相同，殿基有 10 亩之大的佛殿，以及高大为天下之最的"天王阁"[1]，唐代宗大历八年（773 年）还在史称"开元三大士"之一的印度高僧不空三藏主持下，于寺内翻经院修造了一座文殊阁。阁建成于大历十年（775 年）。同年四月，参与修建文殊阁的释秀俨与释慧胜，向皇帝上《进造文殊阁状》，详细记录了文殊阁建造经费及材料使用情况。

根据这篇《进造文殊阁状》，可以大略了解，为了建造这座楼阁，寺院大约购入了："方木 610.5 根，椽柱槐木 804 根，砖瓦鸱兽 55698 口，木栈 700 束，以及造门窗钩栏等用的柏木。"[2] 其文还具体记录了文殊阁中所使用材料的一些基本情况，这里择其要者引之：

> 大兴善寺翻经院，造大圣文殊师利菩萨阁。……应造大圣文殊师利菩萨阁，破用及见在数如后：
> ……
> 八十千文，造阁上下两层风筝八枚等用。
> ……
> 右具破用数如前，应买入、杂施入，迴残见在，如后：
> 合入方木六百八十五根半，七十五根外施入，

> 六百一十根半买入，四百八十七根半造阁用讫。
> 一百二十七根出卖讫，七十一根见在。
> 合入槫柱二百四十四根，一百四十八根外施入，
> 九十六根买入，一百七十三根造阁用讫，七十一根见在。
> 合入椽二千四百一十四根，一千五百七十根外施入，
> 八百四十四根买入，一千八百五十四根造阁用讫，五百六十根见在。
> 合买入栈七百束，三百五十束造阁用讫，三百五十束见在。
> 合入胶六百八十三斤，六百斤敕赐入，四十斤外施入，四十三斤买入，造阁用讫。
> 合入蜡六百二十斤，六百斤敕入，二十斤买入，并造阁用尽。
> 右具通造阁所入钱物方木等，及诸杂用外见在数，如前谨录。

由上文透露出来信息，较为准确推知的是：文殊阁为两层，平面为矩形，每层四角各悬一枚风（筝？）铎，共 8 枚风铎。此外，还知道这座楼阁，使用了 478.5 根方木，173 根槫与柱，1854 根椽子，350 束木栈，以及胶、蜡、金属等物。

依据这些似乎毫无头绪的数字，并参照时代较近的长安青龙寺复原研究平面，清华大学建筑

1　[宋] 宋敏求. 长安志. 卷七. 唐京城. 次南兴善坊："天王阁，长庆中造，本在春明门内与南内连墙。其形高大，为天下之最。太和二年，敕移就此寺。"自钦定四库全书. 史部. 地理类. 古迹之属

2　上都长安西明寺沙门释圆照集. 代宗朝赠司空大辨正广智三藏和上表制集. 卷第五. 进造文殊阁状

学院博士研究生李若水进行了复原研究，初步确定其阁为一座面广5间，进深5间，阁内前部有前厅空间，二层有平坐的楼阁建筑。[1]推定其平面柱网的主要依据是，以面阔5间，进深5间，屋顶为10椽架推算，每层用柱30根，以首层柱、平坐层柱、二层柱，合用柱90根，而二层屋顶用槫59根，首层腰檐用槫20根，其用槫（79根）与柱（90根）的总数为169根。与《进造文殊阁状》所载总用槫与柱173根，在数量上十分接近。李文认为多出的4根，可计入施工过程中的损耗。这在逻辑上似也合理。

其文未给出平面柱网的尺寸与各层柱子的高度，主要原因是原始文献中缺乏相关数据。我们可以考古发掘及实例中唐代建筑开间与进深多为1.8丈，作为一个参考数据，并将各间面广做均等的处理。

这里参照宋《营造法式》用椽之制，对其复原加以检验。一般用椽，每架平不过6尺。殿阁椽架可达6.5或7.5尺。殿阁椽径约在9分至10分。椽距："其稀密以两椽心相去之广为法。殿阁广九寸五分至九寸，副阶广九寸至八寸五分，厅堂广八寸五分至八寸，廊库屋广八寸至七寸五分。"[2]以其上层屋顶为10椽架，其中自六椽栿以上3个椽架为两坡，其东西横长约为：$18×3 = 54$尺，以椽距为0.9尺计，合用椽每坡：$60×3 = 180$根，则前后坡共用椽360根。

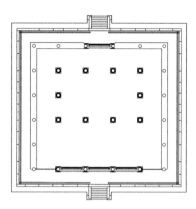

图 9-10-1 唐长安大兴善寺文殊阁平面推想图（李若水复原并绘图）

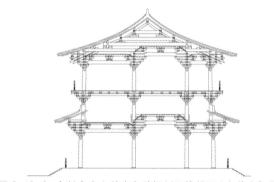

图 9-10-2 唐长安大兴善寺文殊阁剖面推想图（李若水复原并绘图，王贵祥修改）

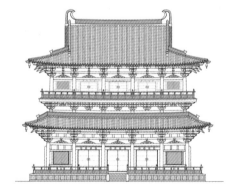

图 9-10-3 唐长安大兴善寺文殊阁正立面推想图（李若水复原并绘图）

1 参见中国建筑史论汇刊.第6辑.第135~158页.李若水.唐长安大兴善寺文殊阁营建工程复原研究.中国建筑工业出版社.2012年
2 [宋]李诫.营造法式.第五卷.大木作制度二.椽

上层屋顶自六椽栿以下至檐口，亦为 3 个椽步（含出挑椽步），沿上层屋顶四周布置，以檐柱缝计，其长：18×5 = 90 尺，以其屋顶起坡，至角长度渐上渐短，两端各减 1/4 间，合减半间，约 9 尺，则每侧长按 81 尺计，四坡共按约 81×4 = 324 尺。但仍以椽距为 0.9 计，四檐约用椽：324÷0.9×3 = 1080 根。其副阶部分，只能用一步椽架，仍以四檐布椽长度约为 324 尺计，约应用椽：324÷0.9 = 360 根。

如此粗略推算的上下层檐用椽总数约为：360 + 1080 + 360 = 1800 根。以总用椽数为 1854 根计，两者间仅有 54 根之差。由此粗略推算，可知李文推测的这座开间与进深各为 5 间，上下两层，中设平坐、腰檐，顶用单檐九脊形式的木楼阁（图 9-10-1，图 9-10-2，图 9-10-3），与不空三藏所建长安大兴善寺文殊阁在结构与造型上十分接近。同时也证明了，笔者猜测的以面广与进深各用 1.8 丈间距布置文殊阁的柱网，亦可能比较接近历史真实。

据文献："敕检大兴善寺文殊镇国阁中，奉（敕）素画文殊六字，菩萨一铺九身。阁内外壁上，画文殊大会圣族菩萨一百四身。今并成就。"[1] 以其阁内仅有一铺造像，可知，文殊阁室内，可能与辽代所建蓟县独乐寺观音阁相似室内空间上下贯通的形式。

第十一节　唐五台山金阁寺金阁

明代所建武当山金顶铜殿是用铜建造建筑物的著名例子（参见图 7-2-5）。而以铜为瓦，铜上涂金的做法，至迟在唐代五台山金阁寺的金阁中就已经出现。

《旧唐书》载："五台山有金阁寺，铸铜为瓦，涂金于上，照耀山谷，计钱巨亿万。"[2]《宋高僧传》中也提到："大历元载，具此事由，奏宝应元圣文武皇帝，蒙敕置金阁寺，宣十节度助缘。遂召盖都料，一僧名纯陀，为度土木，造金阁一寺。"[3] 其建成的年代，为代宗大历二年（767 年），比现存最早木构建筑实例，建于德宗建中三年（782 年）的山西五台南禅寺大殿仅早了 15 年。寺为密宗高僧不空三藏法师所造，时隔约 70 年后的文宗开成五年（840 年），日本访唐僧圆仁大师，拜谒五台山，曾到过金阁寺，其《入唐求法巡礼行记》中写道：

　　开金阁，礼大圣。文殊菩萨骑青毛狮子，圣像金色，颜貌端严，不可比喻。又见灵仙圣人手皮佛像及金铜塔；又见辟支佛牙、佛肉身舍利。当菩萨顶悬七宝伞盖，是敕施之物。阁九间，三层，高百余尺，壁椽檐柱，无处不画，内外庄严，尽世珍异。颖然独出树林之表。次上第二层，礼金刚顶瑜伽五佛

1　代宗朝赠司空大辨正广智三藏和上表制集. 进兴善寺文殊阁内外功德数表一首（并答）
2　[后晋] 刘昫. 旧唐书. 卷118. 王缙传
3　[宋] 赞宁. 宋高僧传. 卷二十一. 感通篇第六之四. 唐五台山清凉寺道义传

像。斯乃不空三藏为国所造，依天竺那烂陀寺样作，每佛各有二胁士，并于板墙上列置。次登第三层，礼顶轮王瑜伽会五佛金像，在佛前，面向南立。佛菩萨手印、容貌，与第二层像各异。粉壁内面画诸重曼荼罗，填色未了，是亦不空三藏为国所造。[1]

金阁寺以寺中金阁为名，阁以铜为瓦，瓦面涂金。阁的形式，虽没有进一步描述，从其上下文中，可以大略得出一个印象：这是一座三层楼阁；首层供奉文殊师利菩萨，菩萨骑青毛狮子，上覆皇帝敕施的七宝伞盖；二层，供奉密宗金刚顶瑜伽五佛像，每佛各配置有两位胁士；三层，供奉顶轮王瑜伽会五佛金像。

楼阁总高约为 100 余尺，以 1 唐尺 = 0.294 米计，约高 30 余米。问题是其开间、进深的间数。从圆仁所记："阁九间，三层，高百余尺。"似是一座面阔"九间"的大型楼阁。但从高度与层数，很难想象一座 9 开间大型楼阁，仅高 100 余尺。因为即使按每间面阔仅 1 丈计，其面阔长度就有 90 尺，几乎与高度一样。这不符合古代楼阁一般结构与造型规则。

换一个角度，若以"四柱为间"的古代建筑空间原则，可将其推想为面阔与进深各 3 间建筑。阁内以"九宫格"形式，围合为 9 个以"间"为单位的空间，恰可与圆仁"阁九间"的描述相合。

这样一种方形的平面，亦可与圆仁对各层所供奉像设内容与规模、尺度相合。如首层主供文

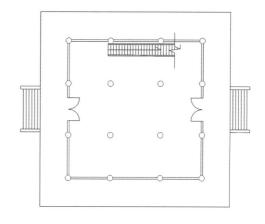

图 9-11-1 唐五台山金阁寺金阁平面推想图（自绘）

殊菩萨，在这样一个"九宫格"式的中央空间中，设置文殊菩萨坐狮子像，以约 1.8 丈余的高度，应是适当的空间选择。而若将其布置在一字排开 9 间的空间中，则文殊像两侧各有 4 开间空间，会显得过于空阔。基于这一分析，可以将金阁寺想象成一座面广、进深各 3 间，高 3 层，100 余尺的木构楼阁，阁顶用铜瓦涂金的造型。

至于其开间尺寸，或也可以采用唐辽时代一般建筑较习见的尺寸，如其当心间面广定为 1.8 丈，两次间面广为 1.5 丈；进深方向亦然，两山中一间深 1.8 丈，前后间各深 1.5 丈。形成一座深、广各为 4.8 丈的方形楼阁平面（图 9-11-1）。

以其首层柱高为 1.8 丈，按逐层递减规则，二层柱高为 1.6 丈，三层柱高为 1.4 丈。其铺作材分，以佛光寺大殿所用材高尺寸为参考，并参考南禅寺大殿所用斗栱，首层用六铺作出，二层比首层减一铺，为五铺作，三层仍用六铺作，各

---

1 [日] 圆仁. 入唐求法巡礼行记. 卷3

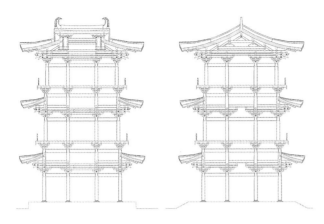

图 9-11-2 唐五台山金阁寺金阁剖面推想图（自绘）

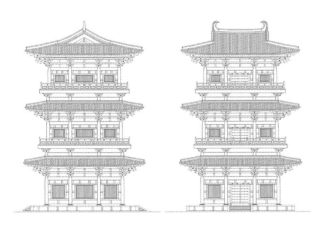

图 9-11-3 唐五台山金阁寺金阁立面推想图（自绘）

层平坐斗栱亦用五铺作。加上各层铺作、平坐及按照前后橑檐方距离1/5起举的屋顶高度，按大木作结构方式得出的其阁脊栋总高，大约在10.5丈左右，接近圆仁描述的五台山金阁寺金阁的高度与造型（图 9-11-2，图 9-11-3）。

第十二节　唐总章二年诏建明堂

总章二年明堂是古代文献中记载最详细的初唐时代大型高等级祭祀性建筑，在建筑史上具有重要意义。唐代自太宗就有建造明堂意愿，但终未果。高宗李治继承乃父遗愿，先后于永徽三年（652年）、总章二年（669年），两次出明堂样，并先后颁布《敕建明堂诏》与《定明堂规制诏》。诏中对总章明堂的钦定规制细节有十分详细描述。[1]

关于总章明堂的记录，见于《旧唐书》、《通典》等文献，这里据《通典》卷44，"大享明堂"节[2]，加以整理，简列如下：

> 其明堂院，每面三百六十步，当中置堂。
> 自降院每面三门，同为一宇，徘徊五间。
> 院四隅各置重楼，其四墉各依方色。
> 基八面。高丈二尺，径二百八十尺。
> 每面三阶，周回十二阶。
> 基上一堂，其宇上圆。
> 堂每面九间，各广丈九尺。
> 堂周回十二门，每门高丈七尺，阔丈三尺。
> 堂周回二十四窗，窗高丈三尺，阔丈一尺，栿二十三，二十四明。
> 堂心八柱，长五十五尺。
> 堂心之外置四辅。

1　两诏书分别见于《全唐文新编》，第1册，第165页与第166页，吉林文史出版社，2000年。

2　原文见《通典》卷44，原文中的每一句话后，均有详细的数字象征的意义说明。此处只引本义文。

八柱四辅之外，第一重二十柱。

第二重二十八柱。

第三重三十二柱。

外面周回三十六柱。

八柱之外，柱修短总有三等，都合百二十柱。

其上槛周回二百四柱。

重楣，二百一十六条。

大小节级栱，总六千三百四十五。

重干，四百八十九枚。

下柳，七十二枚。

上柳，八十四枚。

枡，六十枚。

连栱，三百六十枚。

小梁，六十枚。

枡，二百二十八枚。

方衡，一十五重。

南北大梁，二根。

阳马，三十六道。

椽，二千九百九十根。

大栌，两重，重别三十六条，总七十二。

飞檐椽，七百二十九枚。

堂檐，径二百八十八尺。

堂上栋，去阶上面九十尺。

四檐，去地五十五尺。

上以清阳玉叶覆之。

基于上文，可按如下方式排列柱网：

先按柱距19尺排列柱网，并确定一个由8根柱组成的"堂心八柱"空间。在八柱四隅，布

置4根柱，形成4辅柱。形成一个由一圈12根柱子组成的开间、进深各3间，面阔57尺的中心核。

继续以柱距19尺向外布置柱列。形成由20根柱子围合成的方形平面。但若拔掉其四围16根柱子，将这一圈四角4根柱子，与下一圈四侧各4根柱子，连缀成一圈，同样可以组成一个由20根柱子围合成的柱圈，其平面亦为八角形，恰与堂心八柱吻合。这也可以构成"八柱四辅之外，第一重二十柱"，其平面及所围合的空间与"堂心八柱"更为吻合。

同样，在这一八角形20柱的柱圈之外，再用标准的19尺方形柱距，按八角形平面布置一圈柱网，就构成了"八柱四辅之外，第二重二十八柱"。当然，在东南、西南、东北、西北四个亚方向上，柱距会呈现如标准19尺柱网所成方格对角线的长度。

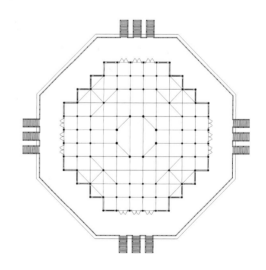

图9-12-1 唐总章二年诏建明堂平面复原图（自绘）

接着，按同样方式，向外再布置一圈，恰好可以构成"八柱四辅之外，第三重三十二柱"柱圈，这就解决了按方形平面布置柱网时，在第三重柱圈上无法布置32根柱子的问题。最后，在紧接着的最外一圈柱网上，刚好可以布置36根柱子，构成文献中所说的："外面周回三十六柱"的情形（图9-12-1）。

至少，这一柱网布置方式，与原文描述吻合。不仅使"八柱四辅"堂心结构，得到合理解释，也使建筑内空间充分合理化，即由第一重二十柱围合的部分，与中心八柱构成的"堂心"，形成一个空敞的主空间。以这一空间象征明堂中的"太室"，是非常理想的。

若沿第三圈32柱，按标准19尺柱网的格局，作垂直与水平的墙体连缀，周围的四个正方位上，形成四个凸出的矩形空间，正可比像青阳、总章、玄堂、明堂，四个正方位的四室。四个亚方位上，也可以形成各自的"夹室"，或"左个、右个"。这时，我们可以发现，在沿第三重三十二柱作垂直与水平的连缀后，所围合成的四个正方向上，

形成了四个垂直折角的界面，每面有11开间。如果将两个尽端开间，看作如宋代建筑"龟头殿"或清代建筑"抱厦"的空间形式，其两侧应是实墙。这样，每一正方向上，只有9个投影开间。沿每一方向的9开间，可以开启三门、六窗。正好与原文中周回十二门、二十四窗情形吻合（图9-12-2，图9-12-3，图9-12-4）。

笔者根据这一分析，结合文献中其他数据，进行复原研究，按照诏定规制中给出的尺寸，绘制出了明堂平、立、剖面。[1] 基于这一复原图绘制的总章明堂外观，展现了一座唐代大型殿堂的宏伟形象（图9-12-5，图9-12-6）。

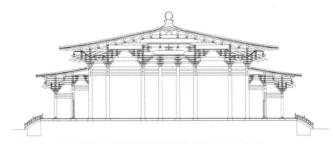

图 9-12-3 唐总章二年诏建明堂剖面复原图之二（自绘）

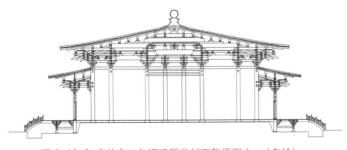

图 9-12-2 唐总章二年诏建明堂剖面复原图之一（自绘）

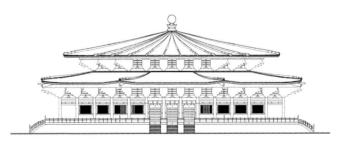

图 9-12-4 唐总章二年诏建明堂立面复原图（包志禹 绘）

1 参见贾珺主编.建筑史.第22辑.第34~57页.王贵祥.唐总章二年诏建明堂方案的原状研究.清华大学出版社.2006年

图 9-12-5 唐总章二年诏建明堂外观透视图（李德华 绘）

图 9-12-6 唐总章二年诏建明堂总平面透视图（李德华 绘）

第十三节　唐长安大明宫含元殿

有唐一代在长安城中先后建造了三组宫殿建筑群,分别是西内太极宫、东内大明宫、南内兴庆宫。位于长安外郭城以北偏东的大明宫,位于一块高地上,原是太宗为高祖所建的永安宫,后改为大明宫。患有风疾的高宗,以太极宫地势低下,潮湿难忍,遂迁至大明宫,一度改名为蓬莱宫,武后时又改回大明宫。大明宫按前朝后寝制度布置,正门为丹凤门,门内为大明宫外朝部分的前殿含元殿,其后有宣政殿、紫宸殿,二殿各有其门殿、配阁,略成前朝三殿格局。紫宸殿后以永巷相隔,巷北为寝殿蓬莱殿。其后是御苑,苑中有太液池(图9-13-1)。

前殿含元殿位于一个高出地面约10余米的台地上,台上再有一个高约3米的殿基。殿基两侧向外凸伸,形成如"凹"字形的平面,以布置东西行廊。据建筑史学家傅熹年的研究,殿基上有面阔11间,进深4间,带周匝副阶,共为广13间,深6间的殿址。[1]据考古发掘,含元殿基东西67.33米,南北29.2米。东西两侧行廊,折而向南,与其前两座突出的台基相接。这两个台基即是含元殿前的两侧阙楼,东为翔鸾阁,西为栖凤阁(图9-13-2,图9-13-3,图9-13-4)。

含元殿前有坡状的慢道与踏阶,将大殿台基与殿前地面联系在一起。史书中称其为"龙尾道",《新唐书》言:"凡罢朝,由龙尾道趋出"[2],就是

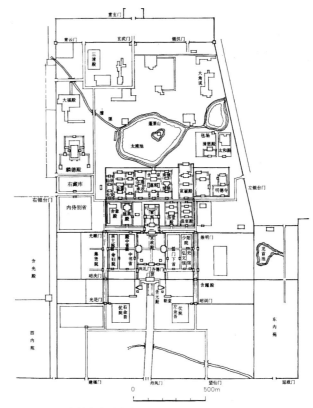

图9-13-1 唐长安大明宫平面图

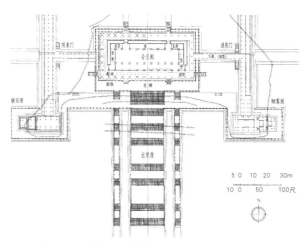

图9-13-2 唐大明宫含元殿平面复原图

1　傅熹年.中国古代建筑史.第二卷.第376页.中国建筑工业出版社.2001年
2　[宋]欧阳修、宋祁等.新唐书.卷180.列传第105.李德裕传

图 9-13-3 唐大明宫含元殿剖面复原图

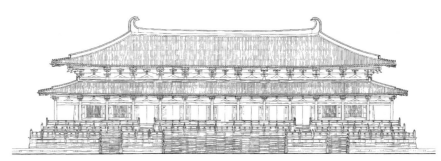

图 9-13-4 唐大明宫含元殿立面复原图

指的这条长阶道。关于龙尾道，国内学者目前有两种复原方案。其一是自殿前直接向上，其二是自东西阙阁台基内侧迂回向上。这两种复原，反映了考古发掘中所反映信息的不确定性。从建筑使用的角度观察，两种龙尾道形式的可能性都可能是合理的。唯有确切的考古依据加以确定了。

傅熹年先生经过缜密的研究，对含元殿及两侧阙楼进行了十分细致全面的复原研究，为我们再现了1300余年前中国帝王宫殿之前殿的真实外貌。[1]从复原图看，这是一座令人震撼的伟大

图 9-13-5 唐大明宫含元殿复原透视图

---

1 参见傅熹年.中国古代建筑史.第二卷.第378~381页.中国建筑工业出版社.2001年

宫阙建筑，高踞于13米高的台基之上的大殿为重檐庑殿的形式，两侧阙楼，依据唐墓中的壁画，在高大的台基之上，呈包含有子母阙形式的三重错叠造型，造成一种内聚的张力，更烘托出主殿的宏伟与壮丽（图9-13-5）。

按照傅先生的复原，含元殿的平面类似宋式身内双槽的做法，分为前后三跨，外槽的前后两跨各深一间，中间的内槽一跨深二间。正立面殿身当心间及两侧各四个次间，开间均为1.8丈。殿身两侧梢间开间为1.65丈。两侧尽间，即副阶的间广亦为1.65丈。进深方向，其前后副阶廊及殿身外槽各深1.65丈，殿身内槽深3.35丈。据此绘出的含元殿复原图，成为中国宫殿建筑史上气势最为恢弘，最具雄视天下之帝王气概的伟大建筑群。

第十四节　唐长安大明宫麟德殿

位于御苑太液池宫墙之西的麟德殿，是唐代帝王宴饮休憩与非正式接见群臣的地方。麟德殿由前、中、后三座殿组成，三殿连为一体，故又称三殿。三殿中的前后两殿为一层，中殿为二层，上层有楼，故显得十分高大，从而也使麟德殿有了体量上的主次感与起伏感。

《旧唐书》与《新唐书》中反复提到了麟德殿，如高宗咸亨五年（674年）九月："百僚具新服，上宴之于麟德殿。"[1] 德宗贞元四年（788年）：

"宴群臣于麟德殿，设《九部乐》，内出舞马，上赋诗一章，群臣属和。"[2] 穆宗长庆元年（821年）："丙子，上观杂伎乐于麟德殿，欢甚。"[3] 同是在这一年，"辛卯，击鞠于麟德殿。"[4] 从这些记载，可以知道麟德殿的主要功能是为帝王提供一个寅乐之所，据说，还在这里举行过三教讲论，殿前庭院廊下可容三千余人。

麟德殿三殿，位于一个二层的台基之上。其前殿与中殿，面广都为11间，前殿进深4间；二层的中殿，进深5间。前殿总面阔为58.2米，折合唐尺约为19.8丈，平均每间间广为1.8丈。中殿下层通过隔墙分为三个空间，中间5间，为一个密封的内殿，因其不透阳光，且用厚墙阻隔，傅熹年先生推测这里是唐代帝王的避热防暑

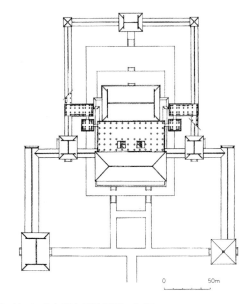

图9-14-1 唐大明宫麟德殿平面复原图

1 [后晋] 刘昫. 旧唐书. 卷五. 本纪第五. 高宗下
2 [后晋] 刘昫. 旧唐书. 卷十三. 本纪第十三. 德宗下
3 [后晋] 刘昫. 旧唐书. 卷十六. 本纪第十六. 穆宗
4 [宋] 欧阳修、宋祁等. 新唐书. 卷八. 本纪第八. 穆宗

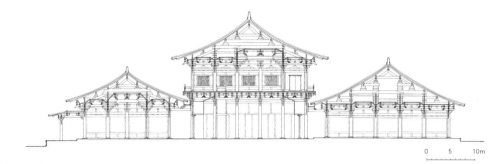

图 9-14-2 唐大明宫麟德殿剖面复原图

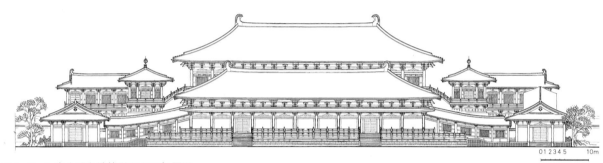

图 9-14-3 唐大明宫麟德殿正立面复原图

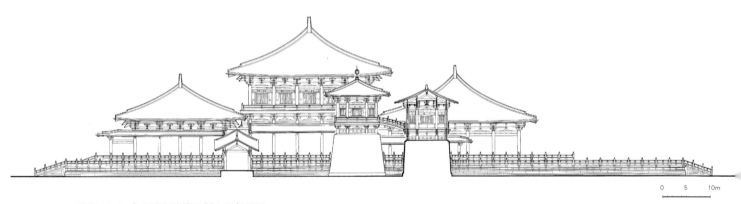

图 9-14-4 唐大明宫麟德殿侧立面复原图

之所，称为荫殿。两侧空间，似为过厅空间。中殿二层，为一完整空间。后殿面阔为9间，进深5间（图 9-14-1，图 9-14-2）。

前后三殿柱网格局有所变化，前殿采用类似宋代"金箱斗底槽"形式，外槽前后各深一间，内槽深二间，故其内槽空敞，可以用来会见群臣。前殿进深间距为1.7丈。中殿与后殿均为满堂柱。其中，中殿进深间距为1.65丈，后殿进深间距为1.8丈。前殿与中殿之间，及中殿与后殿之间的结合部位，都留出了一段空隙，其中前、中殿

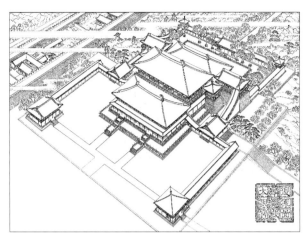

图 9-14-5 唐大明宫麟德殿复原透视图

之间距离为 5 米，中、后殿之间距离为 4.4 米。

麟德殿东西两侧，通过夯土墩台及坡道，布置有东、西亭与楼。亭为 3 间见方，楼则为广 7 间、深 3 间的格局。东楼称郁仪楼，其楼自南面坡道而上；西楼为结邻楼。其楼从北面坡道而上。前、中殿之间结合部两侧通过斜廊与东西庑相接。东西庑向前伸，形成"凹"字形环抱形式（图 9-14-3，图 9-14-4）。凹字形两端，各设置一座亭榭，作为两庑的结束。后殿之后，则通过环廊形成一个廊院。

建筑史学家傅熹年先生经过缜密研究复原再现的麟德殿，为我们展示了一座造型丰富、体量宏大、结构繁复的大型建筑[1]（图 9-14-5），从而扩展了我们常常见到的由简单矩形平面围合而成多重院落的古代建筑习见形式的狭隘视角。

第十五节　唐洛阳武则天明堂

作为中国古代社会最高等级的礼制象征，明堂成为历代统治者特别关注的建筑，武则天在登基前后大动干戈地建造明堂，在形式上，武则天也不顾群儒的所谓五室、九室之争，而是建造了一座具有多层空间的楼阁式建筑。文献中关于这座武则天"自我作古"的明堂建筑的基本描述：

垂拱三年（687 年）春，毁东都之乾元殿，就其地创之。四年（688 年）正月五日，明堂成。凡高二百九十四尺，东西南北各三百尺。有三层：下层象四时，各随方色；中层法十二辰，圆盖，盖上盘九龙捧之；上层法二十四气。亦圆盖。亭中有巨木十围，上下通贯，栭、栌、棤、栿，藉以为本，亘之以铁索，盖为鸷鸟，黄金饰之，势若飞翥，刻木为瓦，夹纻漆之。明堂之下施铁渠以为辟雍之象，号万象神宫。[2]

这座明堂建筑建成于垂拱四年（688 年）春，永昌元年（689 年），即载初元年（689 年）正月，武则天亲享明堂，并于当年"九月九日壬午，革唐命，改国号为周"[3]，复改元为天授。

但是，在这座大型建筑建成后的第八年，即证圣元年（695 年），"丙申夜，明堂灾，至明而并从煨烬。"[4]大火刚刚焚毁了这座巨大的明

1　参见傅熹年.中国古代建筑史.第二卷.第381~387页.中国建筑工业出版社.2001年

2　旧唐书.卷二十二.志第二.礼仪二.二十五史.第五册.第3590页

3　旧唐书.卷六.本纪第六.则天皇后.二十五史.第五册.第3498页

4　旧唐书.卷六.本纪第六.则天皇后.二十五史.第五册.第3498页

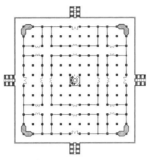

图9-15-1 唐武氏明堂平面
复原图之一（首层平面）（自
绘，袁琳整理）

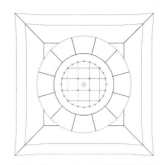

图9-15-3 唐武氏明堂平面复
原图之三（三层平面）（自绘）

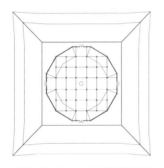

图9-15-2 唐武氏明堂平面复
原图之二（二层平面）（自绘）

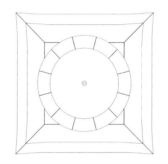

图9-15-4 唐武氏明堂平面复原
图之四（屋顶平面）（自绘）

堂建筑，"则天寻令依旧规制重造明堂，凡高二百九十四尺，东西南北广三百尺。上施宝凤，俄以火珠代之。明堂之下，圜绕施铁渠，以为辟雍之象。天册万岁二年（696年）三月，重造明堂成，号为通天宫。"[1] 也就是在明堂被焚毁后仅仅一年之后的"春三月，重造明堂成。夏四月，亲享明堂，大赦天下，改元为万岁通天，大酺七日。"[2]

这座重新建造的明堂，一直沿用到玄宗时期。

开元二十七年（739年），"冬十月，毁东都明堂之上层，改拆下层为乾元殿。"[3] 毁拆之后的乾元殿，仍然十分宏伟。

这样一座规模宏大的多层木构建筑，而且在短时间内曾经两次修建，在中国古代建筑史上，应该具有其特别重要的意义。基于这一角度，笔者对于这一建筑，进行了比较详细的复原研究。[4] 在这一研究中，初步厘清了武则天明堂的基本造

1　旧唐书.卷二十二.志第二.礼仪二.二十五史.第五册.第3590页
2　旧唐书.卷六.本纪第六.则天皇后.二十五史.第五册.第3498页
3　旧唐书.卷九.本纪第九.玄宗下.二十五史.第五册.第3508页
4　参见《中国建筑史论汇刊》.第四辑.第369~455页.王贵祥.唐洛阳宫武氏明堂的建构性复原研究.清华大学出版社.2011年

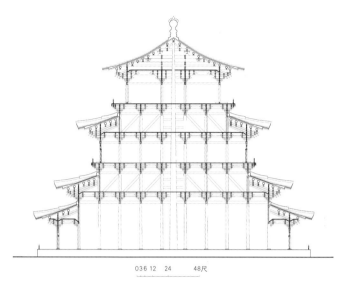

图 9-15-5 唐武氏明堂剖面复原图（自绘）

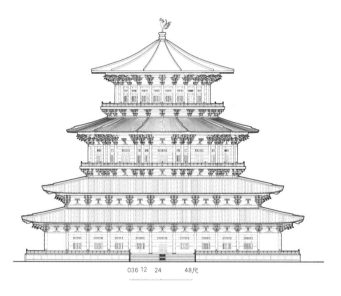

图 9-15-6 唐武氏明堂立面复原图（凤凰顶饰）（段智君 绘）

型：三层，下层为方，四坡顶；中层为十二边形，圆盖；上层为二十四边形，亦圆盖（图 9-15-1，图 9-15-2，图 9-15-3，图 9-15-4）。并从唐人的文献中了解了这座建筑的两个基本尺度：高 294 尺，东西南北各 300 尺。依据这一基本三维数据，就可以按照唐代建筑的建构逻辑，将其搭造起来，使其既符合这两个基本数据，又与我们所理解的唐代建筑的建构逻辑相契合。

以东西、南北各广 300 尺计，若其次、梢间主要柱网为 27 尺，则 10 间即为 270 尺，仅余 30 尺，可计为当心间的间距。如此推测出武氏明堂的柱网为：面广与进深均为 11 间，两个方向的当心间间距均为 30 尺，两个方向上当心间以外总数为 10 间的次、梢、尽间的柱间距不再做变化，而是均匀地分为 27 尺，合计为 270 尺，加上当心间的 30 尺，恰为 300 尺。

基于这一平面柱网，我们尝试采用与明堂首层次、梢、尽间间距相同的尺寸，即 27 尺，为首层檐柱的柱高。同时，也将这一柱高应用在二

图 9-15-7 唐武氏明堂外观透视复原图（凤凰顶饰）（李德华 绘）

图 9-15-8 唐武氏明堂建筑组群外观透视图（火珠顶饰）（李德华 绘）

层檐柱与三层檐柱上。从《旧唐书》所记载的"中层法十二辰，圆盖，盖上盘九龙捧之。"可以推想，这座明堂建筑的第二层应该是一座十二边形的平面，其上屋顶为圆形。从"上层法二十四气。亦圆盖"中，可以知道这座明堂建筑的第三层为二十四边形，圆形屋顶。同样以作图的方式，在由位于中央的面广与进深各3间的正方形柱网的4根角柱的位置上，找出了一个接近圆形的二十四边形轮廓线。这样就可以推测出整座建

筑的基本造型。尽管其中一些细微尺寸，未必是确定的，如椽、望、泥背、瓦及博脊所积累的各层高度对上层平坐柱子高度的确定，是通过作图的方式获得的，多少会有一些误差。但是，严格按照唐宋建筑的法式制度累加起来的主要大木结构尺寸，应该不会有太大的偏离（图9-15-5，图9-15-6）。从而使我们可以一睹1300多年前这座宏大多层木构建筑物雄姿（图9-15-7，图9-15-8）。

第十六节　元上都正殿大安阁

　　关于上都开平城宫殿建筑建造过程的详细记载并不多,《元史》上仅提到了世祖至元三年（1266年）"建大安阁于上都"。[1]大安阁是元上都宫殿的正殿（图9–16–1），因而是一座十分重要的建筑物，在元世祖至元三十一年（1294年）驾崩之后，其孙元成宗铁木耳正是在上都的大安阁登上帝位的："甲午，即皇帝位，受诸王宗亲，文武百官朝于大安阁。"[2]在上都正衙大安阁登基，元代入主中原后的最初数十年中，似乎成为一个惯例，元大德十一年（1307年）元成宗崩，元武宗也是在大安阁登基的："甲申，皇帝即位于上都，受诸王文武百官朝于大安阁，大赦天下。"[3]

　　在元代中后期，上都大安阁中还可能兼有供奉祖宗神御像的神御殿功能，这一点见于元代周伯琦的《近光集》：

　　　　曾甍复阁接青冥，金色浮图七宝楹，当日熙春今避暑，滦河不比汉昆明。五色灵芝宝鼎中，珠幢翠盖舞双龙，玉衣高设皆神御，功德巍巍说祖宗。[4]

　　元英宗至治三年（1323年），"帝御大安阁，见太祖、世祖遗衣，皆以缣素木绵为之，重加补缀，嗟叹良久，谓侍臣曰：祖宗创业艰难，服用节俭

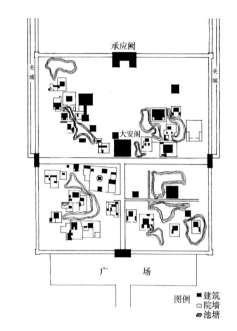

图9–16–1　元上都宫殿平面图

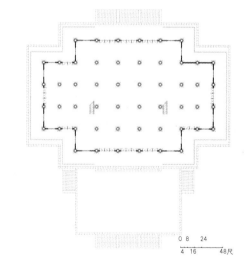

图9–16–2　元大安阁首层平面复原图（自绘）

1　[明]宋濂等：《元史》，卷6。

2　同上，卷18。

3　同上，卷22。

4　[元]周伯琦：《近光集》，卷1，见《四库全书·别集类·金至元·近光集》。

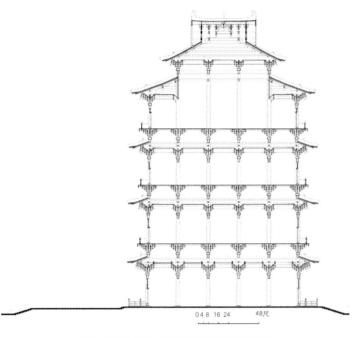

图 9-16-3 元大安阁横剖面复原图（自绘）

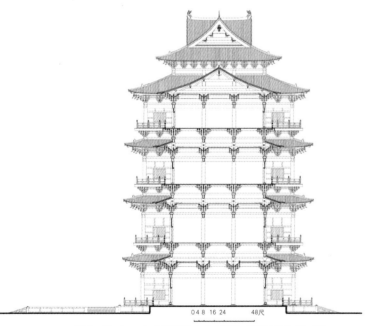

图 9-16-4 元大安阁耳构部分剖面复原图（段智君 绘）

1　[明] 宋濂等：《元史》，卷28，"本纪第二十八·英宗二"。
2　[清] 孙承泽：《天府广记》，卷42，"周伯琦·咏大安阁"。

如此，朕敢顷刻忘之。"[1] 这里还说到了，大安阁是一座装饰十分精美的高大楼阁，并且进一步强调了其前身是宋代汴梁宫殿中的熙春阁这一史实。

清代孙承泽的《天府广记》收录了周伯琦的这首《咏大安阁》，其诗后有注曰："故宋熙春阁移建玉京。"[2] 据《元史》，周伯琦在元武宗至大年间（1308—1311 年）元仁宗为太子时，曾做过翰林待制，并为太子说书，仁宗即位后又迁集贤待制等职，《元史》中有其传，是比较接近宫廷内部的人，因而，其记述也是比较真实的。

既然元上都大安阁是"取故宋熙春阁材于汴，稍损益之"而成就的，其大致的形式与结构应该与宋汴梁的熙春阁十分接近。那么，让我们来看一看熙春阁的造型与尺度，或能对元上都宫殿中的主要建筑大安阁有一个大致的了解。据明人李濂撰《汴京遗迹志》引宋人王恽《熙春阁遗制记》载：

梓人钮氏者，向余谈熙春故阁，形胜殊有次第，既而又以界画之法为言，曰此阁之大概也，构高二百二十有二尺，广四十六步有奇，从则如之，虽四隅阙角，其方数纤余。于中下断鳌为柱者五十有二，居中阁位。与东西耳构九楹，中为楹者五。每楹尺二十有四。其耳为楹者，各二；共长七丈有二尺。上下作五檐覆压，其檐长二丈五尺，所以蔽亏日月而却风雨也。阁位与平坐，叠层为四。每层以古座通籍，实为阁位者三，穿明度暗。而上其为梯道，凡五折焉。世传阁之经始，有二子披醉翁过前，将

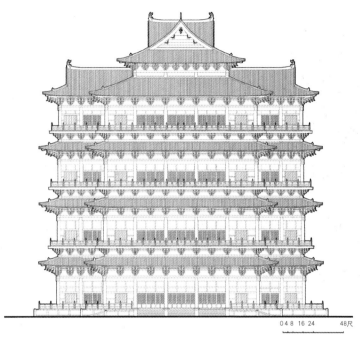

图 9-16-5 元大安阁正立面复原图（段智君 绘）

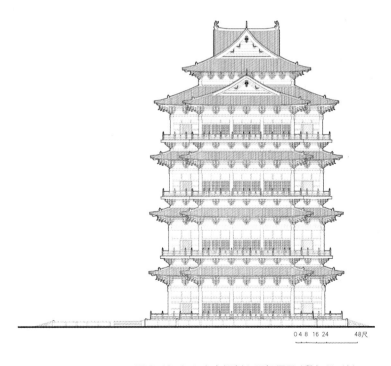

图 9-16-6 元大安阁侧立面复原图（段智君 绘）

图 9-16-7 元大安阁外观复原透视图（李德华 绘）

图 9-16-8 元大安阁外观模型（王贵祥 复原，赵广智 制作）

作者曰：此即阁之制也。取具成体，故两翼旁构，俯在上层。栏构之下，止一位而已。其有隆有杀，取其缥缈飞动，上下崇卑之序。此阁之形势，所以有瑰伟特绝之称也。[1]

由宋人王恽《熙春阁遗制记》的记载，我们可以推测，大安阁之原型熙春阁结构高度（构高）为 222 尺，总面阔为 46 步，以一步为 5 尺计，合为 230 尺。文中所记"从则如之"，当为"纵则如之"之误，故其总进深大略与总面阔相同，可能也是 230 尺。以元尺与宋尺合，并以宋代三司布帛尺每尺合今日长度 0.315 米计，其高（不计台座）为 69.93 米，总面阔与总进深可能为 72.45 米（图 9-16-2）。

根据这一推测，笔者进行了复原研究，依据文献记录的基本尺寸与宋《营造法式》的基本结构与造型规则，绘制出了元上都大安阁暨宋汴梁熙春阁的平面、立面与剖面（图 9-16-3，图 9-16-4，图 9-16-5）[2]，使人们可以一窥这座曾经存续于宋、金、元三朝，并最终成为元代上都宫城正殿的大安阁的基本形式（图 9-16-6，图 9-16-7，图 9-16-8）。

1　《钦定四库全书·史部·地理类·古迹之属·汴京遗迹志》，卷 15，"熙春阁遗制记"。
2　参见中国建筑史论汇刊. 第二辑. 第 37~64 页. 王贵祥. 元上都开平宫殿建筑大安阁研究. 清华大学出版社. 2009 年

第十七节　元大都大内正殿大明殿

清代文人重考据，清代人的一些有关历史建筑的描述，应是在其时所能见到的文献及遗迹基础上，深入研究考据所得，故其可信度还是比较高的。据清人《宸垣识略》的描述，元大都（参见图6-6-1）皇城（参见图6-6-2）与宫城：

> 宫城周九里三十步，砖甃。分六门：正南曰崇天门，崇天之左曰星拱门，右曰云从门，东曰东华，西曰西华，北曰厚载。崇天门内有白玉石桥三虹，中为御道。星拱门南有拱宸堂，为百官会集之所。崇天门内曰大明门，大明殿之正门

也。旁建掖门，绕为长庑，与左右文武楼相接。大明门左曰日精门，右曰月华门。[1]

这里给出了元故宫大内宫殿，特别是正殿大明殿周围大致的门庑情况。宫有六门，大明殿前有三门，分别是大明门，日精门、月华门；殿左右有文楼、武楼，四周绕为长庑，并与文武楼相接（图9-17-1）。这里还给出了元代帝王宫殿正衙大明殿的基本尺寸：

> 大明殿十一间，高九十尺；柱廊七间，高五十尺；寝室五间，东西夹六间，后连阁

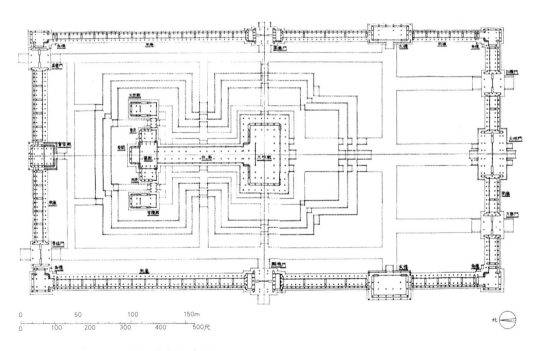

图 9-17-1 元大都大内宫城大明殿建筑群总平面复原图

1　[清] 吴长元. 宸垣识略. 卷一. 建置

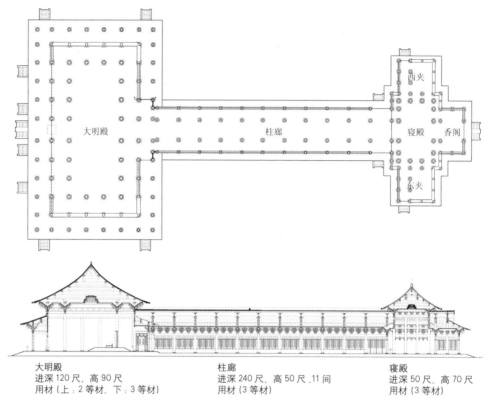

大明殿	柱廊	寝殿
进深120尺，高90尺	进深240尺，高50尺，11间	进深50尺，高70尺
用材（上：2等材，下：3等材）	用材（3等材）	用材（3等材）

图 9-17-2 元大都故宫大明殿平面图和剖面图（胡南斯 绘）

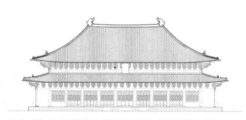

图 9-17-3 元故宫大明殿立面图（胡南斯 绘）

三间，高七十尺。中设七宝云龙御榻，并设后位。寝室后为宝云殿。东庑中曰凤仪门，西庑中曰麟瑞门，周庑一百二十间。[1]

天府广记中也描述了大明殿及周围建筑的大略情况：

仍旁建挟门，绕为长庑，中抱丹墀之半，左右为文武楼，与庑相连，中为大明殿，乃登极、正旦、寿节、会期之正衙也。殿后连为主廊十二楹。四周金红琐窗，连建后宫，广三十步，殿半之。后有寝宫，俗呼拿头殿。东西相向。[2]

这一段描述应是从明初人萧洵的《元故宫遗录》中来的，《元故宫遗录》还特别提到，大明殿："殿基高可十（一作五）尺，前为殿陛，纳为三级，绕置龙凤白石阑。阑下（一作外）每楹（一作柱）压以鳌头，虚出阑外，四绕于殿。殿楹四向皆方柱，大可五六尺，饰以起花金龙云。……殿右连为主

---

1 [清] 吴长元. 宸垣识略. 卷一. 建置
2 [清] 孙承泽. 天府广记. 卷五. 宫殿

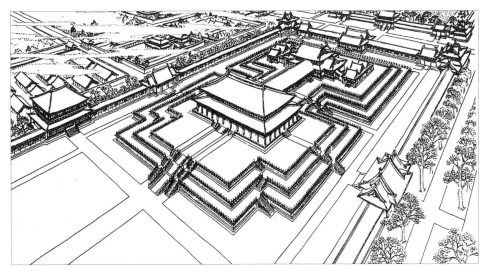

图 9—17—4 元故宫大明殿外观复原图

廊十二楹。四周金红琐窗，连建后宫，广可三十步，深入半之不显（一作列）。……中设金屏障，障后即寝宫，深止十尺，俗呼为弩头殿。……殿前宫，东西仍相向，为寝宫。"[1] 显然，这段文字，可以与《天府广记》中的描述相印证，再结合《宸垣识略》的考据之述，可以大致还原出元大都大内正殿大明殿的基本形式。

这是一座坐落在三层汉白玉栏杆台基之上的工字形大殿（图 9—17—2，图 9—17—3，图 9—17—4）。殿面广 11 间，殿后有主廊与后寝殿相连，主廊的间数，一说 7 间，一说 12 楹。亦有说其长 30 步，若以 30 步计，则廊为 12 楹（11 或 12 间）的可能性较大。寝殿为 5 间，殿东西有夹室 6 间。殿后再出深仅 10 尺的连阁三间，元人称"弩头殿"，大约相当于宋代的"龟头殿"或清代的"抱厦"。前殿高 90 尺，连廊高 50 尺，后寝殿高 70 尺。殿周围再环以 120 间的周庑，两庑中央设凤仪、

麟瑞二门，及文、武楼。

傅熹年先生根据这一记载对元故宫大明殿进行的复原研究，使我们得以一窥 600 多年前的这座宏伟宫殿建筑的外观。

第十八节　元大德曲阜孔庙大成殿

孔庙，或文庙，是儒家祭祀其至圣先师孔子的地方。现存规模最大的孔庙是孔子故乡曲阜的孔庙。但曲阜孔庙也经过了一系列变迁。其正殿大成殿在唐代时仅为 5 开间，宋代天禧五年（1021年）重修时，对大殿基址有所迁移，改为 7 开间。"大成"之名始自宋徽宗，徽宗赵佶以《孟子》语有："孔子之谓集大成。集大成也者，金声玉振之也。金声也者，始条理也；玉振之也者，终条理也。"[2] 始而更孔庙正殿之名为"大成"。元时，仍沿用了宋代大成殿 7 开间制度：

1　[明] 萧洵. 元故宫遗录
2　孟子. 卷十. 万章下

元成宗大德六年，修庙殿七间，转角复檐，重址基高一丈有奇，内外皆石柱，外柱二十六，皆刻龙于上，神门五间，转角周围亦皆石柱，基高一丈，悉用琉璃，沿里碾玉装饰，焕然超越前代。明弘治重建大成殿九间，前盘龙石柱，两翼及后檐俱镌花石柱。[1]

但是，这里有一个问题，从建筑结构的角度来观察，元代曲阜孔庙大成殿制度中的"庙殿七间，转角复檐，……外柱二十六"的制度，从"复檐"一语，可知是"重檐"屋顶，而从"外柱二十六"，可知其下檐副阶柱有 26 根。以副阶周匝，外檐柱为 26 根，平面为 7 间。可以有两种柱子排列方式达到，一是面广 7 间，进深 6 间格局，柱网简图为（图 9-18-1）：

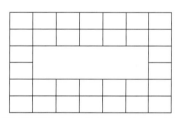

图 9-18-1　推测外檐柱为 26 根的元大德曲阜孔庙大成殿柱网示意图之一（自绘）

这种平面格局，几近方形，而一般中国古代木构建筑，平面近方形者，多为面广 3 开间，至多 5 开间建筑，而以面广 7 开间，再使其接近方形，建筑的进深会显过大，不符合一般古

代木构建筑建造逻辑，因此，可尝试另外一种排列方式：面广 9 间，进深 4 间，副阶周匝格局，柱网简图为（图 9-18-2）：

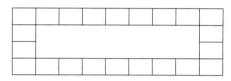

图 9-18-2　推测外檐柱为 26 根的元大德曲阜孔庙大成殿柱网示意图之二（自绘）

这样一种布置，可以形成殿身 7 间，周匝副阶平面格局，副阶为 9 间。其殿身内没有内柱，可以用四椽栿或六椽栿大梁，形成殿身结构，而周匝副阶则以乳栿或丁栿将副阶檐柱与殿身柱联系在一起，在结构上合乎逻辑，室内空间也较空敞，适合祭祀性礼仪空间。这种平面格局与元大德曲阜孔庙大成殿"庙殿七间，转角复檐，……外柱二十六"的记载恰相吻合。而宋代文献中，多以殿身间数描述建筑，如殿身七间，副阶九间的建筑，一般亦称"七间"殿堂。由此或可推测：元代曲阜孔庙大成殿应是一座殿身 7 间，副阶 9 间的绿琉璃瓦顶重檐大殿。[2]

以此来看，明代弘治年"重建大成殿九间"的做法，并非将元代 7 开间，提升到了 9 开间，很大的可能是继续沿用了元代"殿身七间，副阶周匝"，即副阶外檐为 9 开间格局。而这也是现存清雍正二年（1724 年）所使用的格局，不同的是，雍正二年曲阜孔庙大成殿虽然也是"殿

1　钦定四库全书.史部.政书类.仪制之属.幸鲁盛典.卷七
2　钦定四库全书.史部.地理类.都会郡县之属.山东通志.卷十一之四."庙自明弘治十三年始用绿色琉璃瓦，今特改黄瓦，由内厂监造，运赴曲阜。"

身七间，副阶周匝"的格局，但其平面为面广9间，进深5间，似有与所谓"九五之尊"相合的内涵，但其特点是在进深方向上的中间一间的开间柱距特别大，几乎相当于其柱网中普通柱距的两倍。从平面看，似乎是在元大德曲阜孔庙大成殿前后檐各加了一排柱子，形成新的副阶檐柱，再将殿身部分扩展为"面广七间"，然后将其两山的殿身与副阶中柱都减去，形成殿身"进深三间"，副阶"进深五间"的格局，其柱网简图为（图9-18-3）：

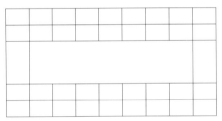

图 9-18-3 清雍正曲阜孔庙大成殿柱网平面示意图（自绘）

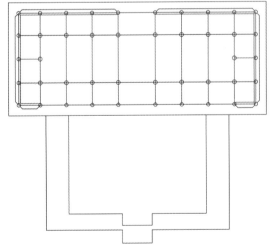

图 9-18-4 元大德六年曲阜孔庙大成殿剖面推测图（自绘）

从这一柱网平面，也可看出前面推测的元大德六年建曲阜孔庙大成殿平面柱网，完全合乎这一结构演进逻辑进程。大德曲阜孔庙大成殿建成后，很可能遭到元末兵火焚毁，入明以来"凡三修焉；明洪武初，奉诏重修。永乐十四年，又撤其旧而新之；成化十九年，始广正殿为九间，规制益宏。弘治十二年灾，奉诏重进（建？）"[1]

基于这一分析，可知元大德六年所建曲阜孔庙大成殿，在曲阜孔庙建造历史上，具有承上启下意义。因此，基于清雍正曲阜孔庙大成殿柱网尺寸，并按照元代建筑，如河北曲阳北岳庙元代大殿德宁殿的结构与造型特征，对大德六年所建曲阜孔庙大成殿进行的复原设计，可以使人们对这座重要的历史建筑有一个基本的了解（图9-18-4，图9-18-5，图9-18-6）。

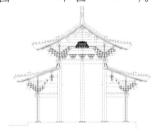

图 9-18-5 元大德六年曲阜孔庙大成殿正立面图（自绘）

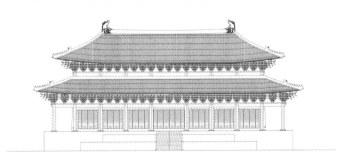

图 9-18-6 元大德六年曲阜孔庙大成殿立面复原图（自绘）

---

1 钦定四库全书.史部.地理类.都会郡县之属.山东通志.卷十一之六

第十九节　开封相国寺明代大殿

唐宋名寺开封大相国寺，原为唐汴州城中一座寺院。据明人记载，明代寺中还有唐睿宗所书"大相国寺"匾额。唐末时汴州相国寺，规模已相当可观，据《大宋高僧传》："当大顺二年（891年），灾相国寺，重楼三门，七宝佛殿，排云楼阁，文殊殿里廊，计四百余间，都为煨烬。"[1]五代至宋，汴州地位日渐突出。宋代帝王屡幸相国寺，其地位等同国家寺院。宋人撰《燕翼诒谋录》："东京相国寺乃瓦市也。僧房散处，而中庭两庑，可容万人。凡商旅交易，皆萃其中。四方趋京师以货物求售转售他物，必由于此。"[2]可知其规模不仅很大，还是一个重要市集之所。

明代开封大相国寺，仍然保持了很大规模。据明人撰《如梦录》载：

> 往西，路北是相国寺，即七国魏公子无忌故宅。山门五间，三空六开，两梢间，四金刚；前有石狮一对，内墙匾书"大相国寺"，唐睿宗御笔。山门东西两石塔，各高三丈余。二门五间，内坐四天王。大殿地基大六亩三分，纯木攒成，不用砖灰，九明十一暗，四六隔扇，上盖一片琉璃瓦，脊高五尺，兽高丈许，铜宝瓶高大无比，匾曰"圣容殿"。

元时，不花丞相亲笔。左右两配殿，左有伽蓝殿，右有香积厨。钟楼内悬大铜钟一颗，霜天声闻最远。[3]

明代相国寺，有山门、二门各五间，山门内设二金刚，二门相当于天王殿。重要的是，这里描述了明代相国寺内正殿大略情况。大殿时称"圣容殿"，是一座"九明十一暗"的殿堂。殿门为"四六隔扇"。大殿占地面积"六亩三分"。从这一殿基面积，可以粗略推算出大殿长、宽尺寸。

首先，如何理解"九明十一暗"？从字面看，似乎是说，大殿看起来是"九开间"，实际上是"十一开间"。但从建筑结构角度观察，这一解释不甚合理。因为古代木构建筑以柱楹数量确定开间。如果正面仅有九开间，室内再布置十一开间的柱子，似不合乎结构逻辑。

以笔者的理解，"九明十一暗"，意为大殿面广11间，其为"十一暗"，其中居中的9间为可以开启的木隔扇，故为"九明"。文中紧随其语之后是"四六隔扇"。这里的隔扇，实为格扇，即木质门窗扇。"四六隔扇"指大殿门扇比例为上六下四。

这一推测或可与同是明人所撰《汴京遗迹志》中的一条记载相印证，其文中谈到相国寺有十绝，"其五，供奉李秀刻佛殿障日九间为一绝。"[4]亦

1　[宋] 赞宁.大宋高僧传.卷十六.明律篇第四之三.后唐东京相国寺贞峻传
2　钦定四库全书.史部.地理类.古迹之属.[明] 李濂.汴京遗迹志.卷十.寺观
3　[明] 佚名·如梦录.街市记第六
4　钦定四库全书.史部.地理类.古迹之属.[明] 李濂.汴京遗迹志.卷十.寺观

即明时相国寺佛殿前有长为 9 间木刻制作的障日版。这从侧面证明了前面的推测：相国寺大殿正面九间是可以开启或采光的木格扇。若在这设有木格扇的 9 个开间之外，两端尽间有墙体围护，殿内实为 11 间，形成"九明十一暗"大殿格局。

如前所述，大殿基址面积"六亩三分"。以 1 亩为 240 平方步，1 步为 0.5 丈，一平方步为 0.25 平方丈计，"六亩三分"的面积，可折合为 378 平方丈。以古代超过九开间的大型殿堂，面广与进深的比例约为 2：1 推算，则面积为 378 平方丈的殿基，可以还原为长 27 丈，宽 14 丈的矩形平面。若将这一尺寸看作是大殿台基，并假设大殿四檐柱中线，距离殿基边缘的距离约为 1 丈，则这座大殿平面尺寸，大约在面广 25 丈，进深 12 丈左右。

按照这样一个分析，再参照明人所撰《普陀山志》中载普陀山护国永寿普陀禅寺主殿圆通大殿的开间尺寸。据《普陀山志》："圆通大殿，七间，十五架。面阔一十四丈，进深八丈八尺。明间阔二丈八尺，左右次间各阔二丈四尺，左右梢间各阔二丈。左右次梢间各阔一丈五尺。高五丈八尺，甬道四丈。"也就是说，圆通大殿明间面阔 2.8 丈，次间面阔 2.4 丈，梢间面阔 2 丈，尽间（次梢间）面阔 1.5 丈。

参照这一开间模式，假设明开封相国寺大殿面广 11 间，明间面阔 2.8 丈，两侧 3 个次间，面阔 2.4 丈，梢间面阔 2 丈，尽间面阔 1.8 丈。如此，则大殿通面阔 24.8 丈。以进深为面广 1/2 推算，进深方向为 6 间，中心 2 间深 2.4 丈，前后次间各深 2 丈，前后梢间各深 1.8 丈，总进深

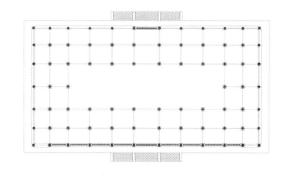

图 9-19-1 明代开封大相国寺大殿平面复原图（自绘）

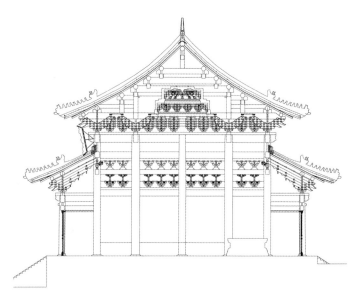

图 9-19-2 明代开封大相国寺大殿横剖面复原图（自绘）

12.4 丈。殿中心应该留出礼佛的空间，故进深方向的中间一排柱，应该只留出两侧副阶及梢间的柱子，使殿内中空，形成略似宋代建筑"金箱斗底槽"式格局。这一平面，将柱网中的大殿中央拔除了 6 根柱子，也就是说，大殿内需要使用 6 根大梁，来形成殿内用于礼佛的中央空间，从而使殿身及副阶共余 78 根柱子。

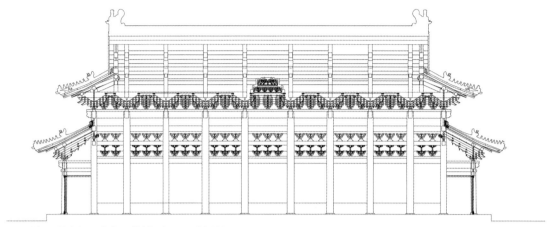

图 9-19-3 明代开封大相国寺大殿纵剖面复原图（自绘）

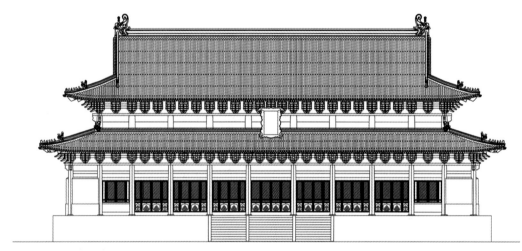

图 9-19-4 明代开封大相国寺大殿正立面复原图（自绘）

有趣的是，在《如梦录》中另外一段有关相国寺大殿的描述中，恰好有一段："此殿正上六梁，前后柱共七十八根，结构奇巧，传为神工，中原一宝也。"[1]的描述，印证了笔者如上的推测性复原。这里需要补充说明的一点是，《如梦录》为明代人所撰写，且在自宋末至明初间，地处中原中心地带的开封，屡受战争摧残，所以我们将这座大殿按照明代官式建筑的形制进行了推测复原（图 9-19-1，图 9-19-2，图 9-19-3，图 9-19-4）。

在这一长 24.8 丈，宽 12.4 丈平面基础上，前后各留出基台 0.8 丈，两侧各留出基台 1.1 丈，则大殿台基可长 27 丈，深 14 丈，其面积为 27×14 = 378 平方丈，恰好为 6.3 亩。如此可知，这一台基及柱网，似是一个适宜尺寸。

---

1 [明] 佚名. 如梦录. 街市记第六

第二十节　普陀山明代护国永寿普陀禅寺

据《普陀洛迦山志》，唐咸通四年（863年），日本访唐僧慧锷从五台山请了一尊观音像，准备带回日本。船行至舟山补陀洛迦山潮音洞附近，因遇风浪而遗像于洞侧，时当地居民张氏请去供奉，称"不肯去观音"。五代后梁贞明二年（916年）起，始创不肯去观音院。宋元丰三年（1080年）寺院改建，诏赐"宝陀观音寺"，并列宋代江南教院"五山十刹"之一。元大德二年（1298年）重修殿宇。明洪武二十年（1387年），因海疆不靖而毁寺徙僧，其后200余年寺址荒圮。

明万历三十三年（1605年），帝遣人赉帑金2000两，及太后、诸宫、公主捐金，重建寺院，赐额"敕建护国永寿普陀禅寺"。清康熙十年（1671年），因倭寇袭扰，迁僧入内地，康熙十四年（1675年）普济寺因游民失火而毁。现存寺院为康熙二十九年（1690年）、雍正九年（1731

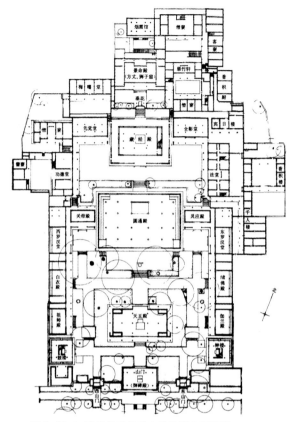

图 9-20-1　清代重建普陀山普济禅寺平面图

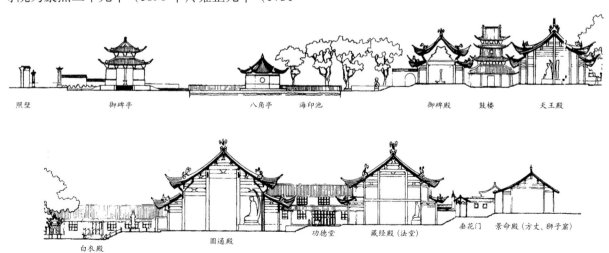

图 9-20-2　清代重建普陀山普济禅寺纵剖面图

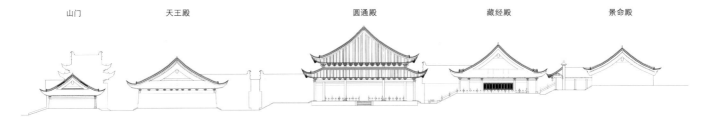

山门　　　　　天王殿　　　　　　　　圆通殿　　　　　　藏经殿　　　　　景命殿

图 9-20-3　普陀山普济禅寺中轴线建筑立面（胡南斯 绘）

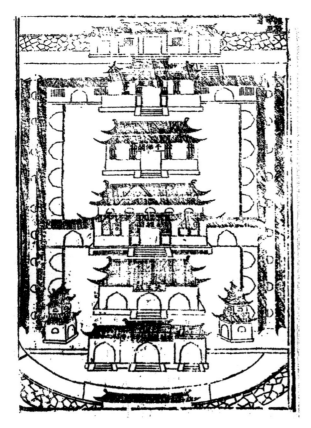

图 9-20-4　志书上所见明万历镇海护国禅寺平面图

年）、嘉庆五年（1800 年）、光绪七年（1881 年），甚至民国元年（1912 年）先后 220 余年间，陆续重建修葺的结果，并改称普济禅寺（图 9-20-1，图 9-20-2，图 9-20-3）。[1]

所幸的是，明万历年间纂《普陀山志》中有普济禅寺前身，明代护国永寿普陀禅寺（图 9-20-4）的较为详细的记载，可以以其为据，大略还原出这座明代皇家敕建寺院的基本面貌。据《普陀山志》卷二，"殿宇"条："敕建护国永寿普陀禅寺，在补陀山南，环山皆石骨，独寺趾沙坡平旷，前代废兴不一。万历二十六年煅。后三十年，敕御用监太监张随董建。随以旧基形局浅漏，辟迁麓下并改辰向为丙云，原名宝陀寺，尚仍宋赐。"其寺：

寺基，面阔七十八丈，进深五十三丈二尺。山门，面阔二十八丈八尺。山门三间九架，面阔五丈六尺。进深四丈，明间阔二丈，左右梢间各阔一丈八尺，高二丈五尺，甬道进

1　参见王连胜主编.普陀洛迦山志.第一章.三大寺.第一节.普济禅寺.第311～336页

深四丈。天王殿，五间，十一架，面阔九丈二尺，进深六丈六尺，明间阔二丈五尺，左右次间各阔一丈八尺。左右梢间各阔一丈八尺，高三丈八尺，甬道月台共进深九丈。圆通大殿，七间，十五架。面阔一十四丈，进深八丈八尺。明间阔二丈八尺，左右次间各阔二丈四尺，左右梢间各阔二丈。左右次梢间各阔一丈五尺。高五丈八尺，甬道四丈。藏经宝殿，五间，十三架。面阔九丈二尺，进深六丈八尺。明间阔二丈，左右次间各阔二丈，左右梢间各阔一丈六尺，高三丈八尺，甬道仪门共五丈。景命殿五间，九架。面阔九丈，进深五丈。明间阔二丈。左右次间各阔一丈八尺，左右梢间各阔一丈六尺。高二丈八尺。伽蓝、祖师、弥勒、地藏四配殿。每殿三间，九架。各面阔五丈六尺，进深四丈，明间阔二丈，左右梢间各阔一丈八尺，高二丈四尺。配殿廊房，左右各二十五间，七架。廊房每间阔一丈四尺，进深三丈六尺，高二丈。天王殿左右廊房，各七间，七架。每间阔一丈四尺，进深三丈六尺，高二丈四尺。藏经殿左右廊房，各七间，七架。每间阔一丈四尺，进深三丈六尺，高二丈四尺。景命殿左右厢房，各三间，九架。每间阔一丈一尺，进深三丈六尺，高二丈四尺。景命殿左右群房，各十间，七架。每间阔一丈一尺，进深三丈六尺，高二丈四尺。仪门前左右廊房，各三间，七架。每间阔一丈，进深三丈六尺，高二丈四尺。仪门内露顶。左右各一间，七架。每间阔一丈，进深三丈六尺，高一丈八尺。

钟鼓楼，二座。明间阔一丈五尺，左右间各阔一丈，高三丈八尺，周围各三丈。东西隙地各二十五丈。

依据这一记载，可以完整地再现这座明代寺院的平面。以 1 明尺为今尺 0.32 米计。寺院寺基东西阔 78 丈，合 249 米，南北深 53.2 丈，合 170.24 米。但因两侧各有 25 丈的隙地，南面山门位置总面阔仅 28.8 丈，合 92.16 丈。寺院沿中轴线依序布置有山门（进深 4 丈），甬道 4 丈，天王殿（进深 6.6 丈），甬道、月台（共深 9 丈），圆通大殿（进深 8.8 丈），甬道深 4 丈，藏经宝殿（进深 6.8 丈），仪门、甬道（共深 5 丈），景命殿（进深 5 丈）。将中轴线进深尺寸叠加：4 + 4 + 6.6 + 9 + 8.8 + 4 + 6.8 + 5 + 5 = 53.2 丈，恰好构成了寺院中轴线部分的进深总长度。

寺院北端景命殿为方丈室，室前有仪门、露（盝）顶廊，两侧有厢房、廊房，形成一个方丈院。景命殿两侧各有群房 10 间。以景命殿 5 间面阔 9 丈，左右群房横置，每间 1.1 丈，总 22 丈计，寺基北部总宽：9 + 22 = 31 丈。这一宽度也限定了寺内中轴线两侧配殿、厢房、廊房的设置范围。寺基前部在山门、天王殿左右各有廊房 7 间，山门以内，廊房以里，设钟鼓楼。其宽按 28.8 丈计。

所谓东西隙地各去 25 丈，是以寺基总宽 78 丈，山门处面阔 28.8 丈大约计算的。实际不足 25 丈。若以标准矩形寺基计，寺院后部东西隙地亦不足 25 丈。但实际地形不会如此规整，故这里的隙地 25 丈只是大约的说法。

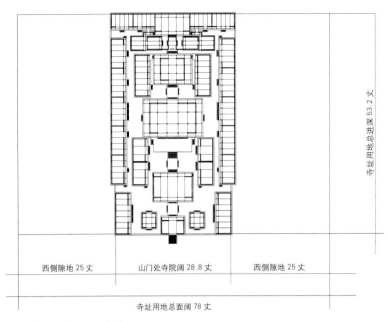

西侧隙地 25 丈　　　山门处寺院阔 28.8 丈　　　西侧隙地 25 丈

寺址用地总进深 53.2 丈

寺址用地总面阔 78 丈

图 9-20-5　明万历镇海护国禅寺平面复原图（自绘）

以寺址进深、山门处面阔，景命殿处面阔所限定的寺基范围，将天王殿两侧各 7 间的廊房，圆通殿两侧 4 座各 3 间的配殿，藏经殿两侧各 7 间的廊房，景命殿前仪门、露顶，及殿前两侧各 3 间的厢房、廊房布置进去。此外，寺两侧还有各 25 间的配殿廊房。以每间阔 1.4 丈，总长 35 丈，几乎覆盖了寺基两侧南北方向 2/3 长度。故东西配殿廊房后墙，应为寺内建筑的东西界限。其后墙应与景命殿东西群房两尽端找齐。根据这一分

析，可以绘制出明普陀山护国永寿普陀禅寺的寺院平面（图 9-20-5，图 9-20-6），使我们一窥这座明代寺院的基本空间格局。

从复原推测图看，这是一座空间十分紧凑的寺院，其中轴线及两侧建筑配殿、廊房布局，与现存普陀山第一寺普济禅寺，在建筑与空间的基本格局上有许多相似之处，由此可以看出两者之间的关联。

山门　　　天王殿　　　　　圆通殿　　　　藏经殿　　　　景命殿

图 9-20-6　明万历镇海护国禅寺纵剖面复原图（胡南斯 绘）

结　语

　　曾几何时，中华大地上矗立起几多堪称世界性大都会的城市，公元前 2 世纪的秦咸阳、西汉洛阳，公元初的东汉洛阳，3 世纪的曹魏邺城与六朝建康，5 世纪的北魏洛阳，6 ～ 8 世纪的隋唐长安与洛阳，10 世纪的北宋汴梁，13 世纪的元大都，15 世纪的明南京与后来的明清北京，正可谓后浪逐前浪，跌宕又起伏。

　　公元初传入中国的佛教与本土滋衍生长的道教，自 5 世纪初至 10 世纪末，进入一个高度发展期。壁立于山岩间的宏大石窟，点缀于城市里坊中的佛寺道观，创造了无数建筑奇迹。隋唐两宋佛寺、道观规模宏大，结构雄伟，造型绮丽。明清以来渐次形成的佛道名山，以及五岳、四渎祭祀建筑，创造了无数壮美景观。

　　秦汉与隋唐皇家苑囿，规模有上百平方公里；两宋、金元皇家园林规模已趋适中，景观亦趋灵秀；清代皇家园林，包括北京三山五园及承德避暑山庄，艺术上已臻成熟。两晋以来的文人园，经唐、宋私家园林之发展，明清时已成最具文化韵味与艺术品格的园林艺术典范。

　　沧海桑田兴衰事，潮起潮落土木功。兴盛了又衰落了的都市，辉煌了又凋敝了的宫苑，繁华了又毁圮了的佛、道寺观，中国古代建筑史，就在这样的起起伏伏中一路走过来。这样一本小书，很难将这样一幅宏大的历史画卷完整地展示出来，呈现在这里的，只是中国建筑史上一些星星点点的奇珍异贝。透过这些典型的古代遗构案例，或能够使读者获窥一斑而知全豹的效果，正是笔者的所祈。若果如此，这本小书或也能起到那些洋洋洒洒的建筑史大书所起不到的点睛效果，则是笔者内心的所愿。

2014 年 3 月 11 日

于清华大学建筑馆

图片来源*

图　号	来　源
图1-1-1，图1-1-3，图1-1-4，图1-1-5，图1-2-1，图2-1-2，图2-2-1	《中国古代建筑史》，2003年版第一卷，中国建筑工业出版社
图1-1-2	《成周与王城考略》，徐昭峰，《考古》，2007-11-25
图1-1-7	百花文艺出版社，傅熹年建筑史论文集
图1-2-2秦阿房宫前殿遗址	《中国古建筑之美·宫殿建筑》，中国建筑工业出版社
图1-2-5，图2-1-1，图2-3-3，图2-2-6，图5-1-2，图5-7-1，图8-3-1	《中国古代建筑史》，刘敦桢 编，中国建筑工业出版社
图2-2-3，图2-3-2，图3-1-1，图3-1-2，图3-1-4，图3-2-1，图3-2-3，图3-2-5，图3-2-6，图3-3-5，图3-4-4，图3-4-5，图3-4-6，图3-4-7，图4-1-1，图4-2-2，图4-2-3，图4-2-4，图4-3-2，图4-3-3，图4-3-4，图4-3-7，图4-5-1，图9-4-5，图9-5-1，图9-5-4，图9-13-1~图9-13-5，图9-14-1~图9-14-5	《中国古代建筑史》，2003年版第二卷，中国建筑工业出版社
图2-3-4，图2-3-5，图2-3-6，图2-3-7	《武梁祠——中国古代画像艺术的思想性》，巫鸿 著，生活·读书·新知三联书店
图3-1-3	《汉魏洛阳城初步勘查》，《考古》，1973年第4期
图3-3-3，图3-3-4，图4-10-3，图4-10-5，图4-10-7，图5-4-3，图5-4-5，图6-2-1，图6-2-2，图6-2-3，图6-2-7，图6-7-3	《中国建筑艺术全集·佛教建筑（一）》，中国建筑工业出版社 辛惠园 摄
图3-4-2	《中国精致建筑100·塔》，程里尧 摄，中国建筑工业出版社
图4-1-2，图4-1-3	《中国古代建筑史》，2003年版第二卷，中国建筑工业出版社
图4-3-1	清华大学建筑学院资料室 提供
图4-3-6，图7-8-2	清华大学建筑学院　提供

---

*　　在正文中已标明出处的，这里不再重复。凡未标明出处的，均为中国建筑工业出版社提供。

——编者注

图4-5-2，图4-5-3（a），图4-5-3（b），图4-5-4，
图4-5-5，图4-5-6，图4-6-1，图4-6-2，图4-6-3，
图4-6-4，图4-7-5，图4-8-4，图4-8-5，图4-9-2，
图4-9-3，图4-10-4，图4-10-6，图5-1-1，图5-1-3，
图5-2-2，图5-4-2，图5-5-3，图5-6-5，图5-7-4，
图5-8-3，图5-9-6，图5-10-2，图6-1-1，图6-1-2，
图6-1-3，图6-2-4，图6-2-6，图6-3-2，图6-3-4

《中国古代建筑史》，2003年版第三卷，中国建筑工业出版社
《蓟县独乐寺》，杨新 编，文物出版社

图4-6-5

《中国美术分类全集 》，中国建筑工业出版社

图4-9-4，图4-9-5，图4-9-6

《中国精致建筑100·应县木塔》，李瑞芝 摄，中国建筑工业出版社

图5-1-5，图5-1-6

《中国精致建筑100·塔》，王雪林 摄，中国建筑工业出版社

图5-6-2，图6-9-1

《中国精致建筑100·塔》，万幼楠 摄，中国建筑工业出版社

图5-6-3

《中国美术全集·宗教建筑》，中国建筑工业出版社

图5-6-4

《中国精致建筑100·塔》，楼庆西 摄，中国建筑工业出版社

图5-9-5

《中国建筑艺术全集·佛教建筑（二）》，中国建筑工业出版社

图6-1-4

《中国古代建筑十论》，复旦大学出版社

图6-4-1

《中国精致建筑100·朔州古刹崇福寺》，青榆 王昊 摄，
中国建筑工业出版社

图6-5-2

《梁思成全集》（第三卷），中国建筑工业出版社

图6-5-5

《中国古塔集萃·卷一》，张驭寰，天津大学出版社

图6-6-1，图6-6-2，图6-6-4，图6-7-2，图6-9-4，
图6-9-5，图7-1-1，图7-1-2，图7-1-3，图7-2-1，
图7-3-4，图7-3-5，图7-6-4，图9-16-1

《中国古代建筑史》，2003年版第四卷，中国建筑工业出版社

图6-6-3

《傅熹年建筑史论文集》，百花文艺出版社
《中国古代城市规划、建筑群布局及建筑设计方法研究》，傅熹年，
中国建筑工业出版社

图6-8-3~图6-8-5，图7-4-3，图7-9-3，图8-6-2

《傅熹年建筑史论文集》，百花文艺出版社

图6-9-3，图9-17-1~图9-17-4

《武当山古建筑群》，中国建筑工业出版社

图7-2-2，图7-2-5

《中国美术全集·宗教建筑》，中国建筑工业出版社

图7-2-3

《中国精致建筑100·武当山道教宫观》，李德喜 摄，
中国建筑工业出版社

图7-2-4a

《中国精致建筑100·青海瞿昙寺》，徐庭发 摄，中国建筑工业出版社

图7-6-1，图7-6-2，图7-6-3，图7-6-5

《苏州古典园林》，中国建筑工业出版社

图7-7-1，图7-7-2

图7-7-3，图7-7-5	《中国古代建筑图片库·私家园林》，中国建筑工业出版社
图8-1-3	《中国古代建筑图片库·宫殿装饰》，中国建筑工业出版社
图8-1-6，图8-3-2，图8-3-4，图8-3-6，图8-4-4，图8-4-5	《中国古代建筑图片库·皇家园林》，中国建筑工业出版社
图8-1-7，图8-2-1	《中国古建筑地图》，清华大学出版社
图8-2-2	《中国美术全集·坛庙建筑》，中国建筑工业出版社
图8-4-1	《中国精致建筑100·承德避暑山庄》，傅清远 摄，中国建筑工业出版社
图8-6-1	《曲阜孔庙建筑》，中国建筑工业出版社
图8-7-1	《中国精致建筑100·清东陵》，徐庭发 摄，中国建筑工业出版社
图8-7-2	《中国精致建筑100·清东陵》，于善浦 绘，中国建筑工业出版社
图8-8-1	《当代中国建筑史家十书》（王贵祥卷），辽宁美术出版社
图8-8-2	《中国古代建筑史》，2003年版第五卷，中国建筑工业出版社
图8-9-3	《中国精致建筑100·会馆建筑》，柳肃 摄，中国建筑工业出版社
图9-2-1，图9-2-3	《古都西安》，王贵祥 著，清华大学出版社
图9-17-1 元大都大内宫城大明殿建筑群总平面复原图	
图9-17-4 元故宫大明殿外观复原图	
图9-20-1，图9-20-2，图9-20-4	自《普陀洛迦山志》，上海古籍出版社，1999年

索 引

"宝箧印经塔" P26
"七朱八白" P69
《东京梦华录》 P63、67
《工部工程做法则例》P141
《洛阳伽蓝记》 P19、174
《木经》P65
《营造法式》P14、40、72、76、78、81、84、93、106、181、188、206

A
暗层 P45、55、72、134、153
昂 P40、41、45、50、69、72、76、78、79、80、81、83、84、89、90、92、93、94、106、124

B
八角亭 P72、105、215
八铺作 P72、81、94
宝瓶 P57、75、102、212
宝顶 P119、120、156
宝珠 P26、55、60、177
抱厦 P70、134、135、193、209
比例 P23、38、40、44、50、55、65、69、173、176、177、185、212、213
壁藏 P48、49
博风版 P53、79
补间 P37、40、44、45、48、49、54、76、79、80、81、84、90、91、93、94、95、109
材分 P49、56、109、190

C
彩绘 P54、75、120、156
踩 P124、137
草架 P81
叉手 P40、41、80
彻上明造 P80
鸱尾 P182
出际 P53
出挑 P10、29、40、43、65、79、171、173、189
垂莲 P72、182

D
殿堂 P10、16、36、39、40、49、50、76、77、79、82、84、93、100、109、110、117、124、128、131、168、169、171、176、179、185、193、210、212、213
丁头栱 P80

F
方城明楼 P119、120、156
飞椽／飞子 P10、38、39、41、60
飞虹桥 P49
府曹 P19
复道 P5、10、165、166、170
副阶 P55、76、82、106、153、180、181、188、189、195、197、210、211、213
覆钵 P69、95、98、102
覆莲 P26、44、69、102、153
覆盆 P26、76

G
格扇门 P53、54
工字殿 P100
拱券 P26、59、109、121、122、123、175
栱眼壁 P41、54
勾头 P60
钩阑 P69
官式 P83、128、214
鼓楼 P42、44、93、99、100、105、114、116、121、122、123、125、126、127、137、141、151、160、161、179、215、217
鼓座 P55
龟头殿 P70、134、193、209
郭 P3、4、63、98、105、146、195
过街塔 P107、109

H
华栱 P40、41、54、76、79、80、81、83、84、93
华头子 P84
画像石/画像砖 P7、10、11、12
混枭 P 80

J

脊栋　P177、181、191

脊槫　P40、41

计心　P48

犍陀罗　P22、26

减地平钑　P14

减柱　P73、87、91、93

角梁　P38、60、81、121、136

界画　P67、204

金刚宝座塔　P102

金箱斗底槽　P39、44、45、50、93、198、213

经幢　P53

井口枋　P121、136

九脊厦两头　P53、91

举高　P38、40、79、174、176

举折　P38、39、40、43、90、177、178

卷杀　P80

K

槛墙　P91

L

喇嘛塔　P95、102、103、107

阑额　P38、39、41、44、52、68、69、80、174

廊庑　P49、100、125、150、153、161

撩风槫　P38、40、44、50、52、54、93

撩檐方　P40、79、177、191

里坊　P10、19、20、33、63

立旌　P38、60

莲花　P25、36、73、75、76、95、124、131

梁架　P37、38、39、41、42、43、50、53、79、83、94、120、121、128、178

两椽栿　P94

两坡　P10、12、188

铃铎　P60、131、135

令栱　P41、50、54、81、84、92、93、94

琉璃　P65、69、75、113、123、124、131、132、137、143、145、150、151、153、158、160、210、212

六椽栿　P188、189、210

六铺作　P45、76、89、90、106、109、181、190

龙尾道　P34、195、196

楼阁式　P10、11、42、43、57、65、69、73、103、175、176、199

栌斗　P40、41、76

M

曼荼罗　P29、124、151、190

门额　P75、158

门楣　P25、26、59

门簪　P75

密檐式　P25、57、59

抹角　P81、121、136

亩　P10、135、153、158、178、179、185、186、187、212、213、214

P

配殿　P41、48、91、98、100、123、126、128、144、156、158、161、212、217、218

平闇　P41、46、79、80

平梁　P40、41、76、80

平棊　P41、79、81

平身科　P124、135、137、138

平柱　P38、40、72、79

平坐　P10、43、45、49、55、69、72、74、91、95、121、122、123、134、135、177、181、188、189、191、202、204

Q

七铺作　P40、45、50、72、79、80、81、83、94、181

起举　P38、40、79、176、177、191

起翘　P10

千步廊　P98、99、141

前朝后寝　P5、88、142、148、155、177、195

槏柱　P68

饯脊　P60、75

曲脊　P53、79

阙　P5、7、10、11、12、13、34、35、63、98、107、139、152、165、166、167、170、183、195、196、197、204

R

乳栿　P39、41、53、72、80、81、93、94、210

S

三朝五门　P5

三椽栿　P81

伞盖　P102、189、190

上昂　P84

神道　P116、119、120、155、156

生起　P50、53、79

十字　P70、76、95、98、121、122、125、132、134、135、136

石像生　P119、155、156

收分　P25、122、131、181

蜀柱　P37、40、54、79、80

束腰　P39、59、68、69

耍头　P41、84、92、93、94

四阿　P39、44、47

四椽栿　P39、53、79、80、210

四坡　P10、29、189、200

四铺作　P84

窣堵坡　P95、102、103

梭柱　P80

T

塔刹　P26、29、54、55、69、75、
98、175、176、177
塔婆式　P57
塔心柱　P19、22、23
踏道　P26、132
太仓　P10、20、99、167
坛　P38、53、69、99、113、115、
128、139、143、144、145、150
替木　P41、50、54
天宫楼阁　P48、49、72
挑斡　P84
厅堂　P53、188
童柱　P136、145
偷心　P39、40、80、81、94
推山　P109、124
托脚　P41、80
驼峰　P41、54、80、94

W

瓮城　P115、141
庑殿　P106、109、117、120、123、
124、127、128、137、143、197
五铺作　P38、43、44、47、48、54、
69、76、78、92、106、181、190、191
武库　P10、20、167

X

下昂　P40、41、45、79、80、84
下平槫　P41、84、90
仙人　P15、16、60、134
相轮　P26、29、55、69、102
香阁　P88、89、98、100、145、146、
147
小木作　P49、72、117
歇山　P122、123、125、134、135、

136、138
斜撑　P45、55、136
斜栱　P45、48、49、54、70、90、
93、94、135、136、199
须弥座　P26、29、39、45、55、56、
59、60、68、69、73、95、102、117、
124、127、137、138、144、153
悬梁　P10
悬山　P13、14、41、48、91
悬鱼　P53、79
鞾楔　P84

Y

衙署　P33、63、87、113
檐椽　P10、38、39、41、60、192
檐栿　P37、76、79
檐口　P10、40、60、73、117、189
檐柱　P41、43、46、48、54、79、
90、93、94、106、124、145、180、
181、189、201、210、213
仰莲　P26、59、60、95、131
腰檐　P25、43、71、72、73、188、
189
一斗三升　P69
移柱　P87、93、94、106
倚柱　P26、59、65、68、69、95、97、
131
翼角　P10、38、46、60、135
翼楼　P34
影壁　P5、53、69、158、160
甬道　P26、171、213、216、217
喻皓　P65
月城　P115
月梁　P80
月台　P26、50、90、106、119、124、
127、137、138、153、217

Z

攒尖　P29、75、98、121、145、150、
151
藻井　P46、56、81、124、128、132、
137、151
劄牵　P94
斋房　P28、50
真昂　P90、106
正脊　P109、124
正衙　P142、203、207、208
中平槫　P41、53、80、81
中心柱　P19、28
钟楼　P31、42、43、44、53、99、
111、114、116、121、122、126、136、
145、179、212
周回　P10、63、75、88、169、179、
180、181、191、192、193
周礼　P1、3、4、177
柱础　P26、41、43、44、76、153
柱头　P26、37、38、39、40、41、43、
44、48、54、68、69、76、79、80、
90、93、94、106、124、177、181
柱头方　P37、41
转角　P26、40、43、44、54、59、
65、84、95、210
转轮藏　P61、71、72、73、123、
124、185
子城　P63
走兽　P60

跋

    大约两三年以前，中国建筑工业出版社张惠珍副总编与董苏华编审约我写一本小书，说这是一套获得新闻出版总署"经典中国国际出版工程"项目中的一本。其最终的目的，是要出一套英文书籍，系统而扼要地介绍中国建筑的历史与艺术。这套书拟有 12 本之多，都是由国内中国建筑史研究领域各个方面知名专家们担纲写作的。尽管当时手中还压着不少事情，但是，面对这样一件有重要意义的事情，自然是不应该推却的，于是，就欣然答应了下来。

    笔者承担的是有关中国古代建筑通史的部分。也就是说，要用不多的数万字，将中国古代几千年波澜壮阔的建筑历史与艺术，以一种图文并茂的形式展示出来。这确实是一个难题。中国古代建筑史，即使从秦汉时期算起，也有 2000 多年的历史，其间，物换星移，沧桑起伏，眼见着建造起了一座座繁华热闹的大都市，兴建起了一组组雄伟华丽的宫殿楼阁；转眼间，一片废墟又现，几声《黍离》又起。中国建筑史上潮起潮落、起伏跌宕的几千年，如何用几万字说得清楚。

    仔细斟酌之后，在和张惠珍副总编与董苏华编审商量之后，决定以关键历史阶段重要建筑案例来串起全书。建筑史，本身是技术史、建构史、艺术史、案例史，将不同时代的重要建筑案例，加以细致的梳理、分析，凸显出每一案例所代表的时代特色，艺术特征，技术特点，就可以以简单、扼要的方式，将一部中国古代建筑史，以一种较为轻松的方式，展示给读者。特别是展示给对中国文化并不十分熟悉的外国读者。

    方案一经确定，下面的问题就是选择案例，搜集资料，开始写作了。这当然是一个冗长、繁琐、细致、缜密的过程。好在这一过程中得到了诸多同好们的支持与帮助，如清华大学建筑学院的博士生李若水、黄文镐、辛惠园等人曾帮助寻找与文字相关的配图，博士生李德华、敖仕恒为其中部分复原性案例绘制了图纸。秘书张弦对文字做了细致的校对、修正，还对插图逐一做了搜集、核对与补充。尤其感谢傅熹年、楼庆西等同仁，无私地提供了他们的资料图片。

本书的英文稿是中国建筑工业出版社委托中国对外翻译出版公司的英语专家们翻译的。这家公司在英文翻译上的水平，是笔者比较信赖的。此前，笔者曾经对这家公司所译清华大学为五台山与嵩山古建筑群申请世界文化遗产所做的两个英文申遗文件进行过校对。当时就觉得他们所译的英文，语感比较接近英文，对于表达中文意思上也比较恰到。这次笔者的拙稿也有赖他们的翻译。虽然，笔者提了一些小的修改意见，但总体上是满意的。中国建筑工业出版社能够请这样高水平的翻译公司主持译稿，也说明了他们对于这套书的重视程度。

当然，这只是一本扼要性的中国古代建筑史话，是对中国古代建筑的一个浮光掠影式的介绍与分析。笔者唯一的希望，是通过这本小书，使国内读者们，多一点对于民族建筑文化的了解与认识，从而增加一点民族自豪感与自信心；同时，使国外读者们，能够对独树一帜的中国古代建筑体系，有一个初步了解，对中国古代建筑的历史与艺术，产生一点兴趣，从而增加一点对中国传统文化的认识与了解。

当然，如此短的一篇文字，挂一漏万之处是在所难免的。希望有识读者们的不吝赐教，能够为本书未来的再版，提供一些有益的帮助。

笔者识

2014 年 7 月 28 日

王贵祥

清华大学建筑学院教授、博士生导师。建筑理论和建筑历史领域的学术带头人。长期从事建筑历史与理论的研究与教学工作。于1981年获硕士学位，1996年获博士学位，先后在英国爱丁堡大学、美国宾夕法尼亚大学和盖蒂中心学习、访问。现任清华大学建筑学院建筑历史与文物保护研究所所长，清华大学学位委员会委员，建筑学院分委员会主席，并兼任国家出版基金评审专家、中国文物学会古建园林分会副会长、紫禁城学会副会长。

出版了大量的专著和译著。在中国建筑工业出版社出版的著作有：《中国古代建筑基址规模研究》、《明代城市与建筑——环列分布、纲维布置与制度重建》、《中国古代木构建筑比例与尺度研究》等；译著有：《世界新建筑》（五卷）、《世界建筑史丛书·文艺复兴建筑》、《建筑理论史——从维特鲁威到现在》、《建筑理论（上）·维特鲁威的谬误——建筑学与哲学的范畴史》、《建筑理论（下）·勒·柯布西耶的遗产——以范畴为线索的20世纪建筑理论诸原则》、《建筑论——阿尔伯蒂建筑十书》等；在清华大学出版社主持策划了《北京五书》、《古都五书》等系列科普读物（其中《北京天坛》、《古都洛阳》为作者），以及学术译著《现代建筑的历史编纂》；在机械工业出版社出版了《西方建筑史——从远古到后现代》；在外语教学与研究出版社出版了《建筑文化》（中英文对照）；在辽宁美术出版社出版了《当代中国建筑史家十书：王贵祥中国古代建筑史论文集》；在江苏美术出版社出版了《老会馆》等。并且主持编辑《中国建筑史论汇刊》，迄今已出版10辑。

这些专著、译著及论文汇刊曾多次获得国家自然科学基金资助，曾获北京市高校教学成果二等奖（1997年）、中国建筑工业出版社优秀作译者等荣誉，并获国家或省部级图书奖（如第13届中国图书奖、第一届中国建筑图书奖、第三届中国建筑图书奖、2005年度引进版科技类优秀图书奖、2007年度引进版科技类优秀图书奖，及全国高等学校建筑学学科专业指导委员会颁发的世界建筑史教学与研究阿尔伯蒂奖等奖项）。

这既是一本中国古代建筑的简史，也是一本有关现存中国历代最重要建筑遗存，或中国历史上见于记载的重要建筑的一个建筑案例集。书中所涉及的都是现存历代几乎最重要的中国古代建筑实例资料，包括各个不同历史时代见诸历史的重要都城、宫殿、佛教寺塔、道教宫观，其中有许多重要的木构殿堂、楼阁，木构与砖构、石构佛塔，以及重要的孔庙、坛壝、民居等。此外，还有一些见于历史文献记载，但却已不存的重要历史建筑，如历史上曾经建造过的最高木塔北魏洛阳永宁寺塔，见于唐代文献记载的武则天明堂，元上都城内的正殿大安阁等等。

因此，这是一本了解中国古代建筑史的纲要性书籍，也是学习中国古代建筑史的一本较为浅显、简短、扼要的入门性书籍。或者，还是一本了解重要中国古代建筑遗存与案例的便于携带的口袋书。相信会对那些中国艺术爱好者、中国文化爱好者，以及中国建筑爱好者，或那些对中国古代建筑有兴趣的普通读者有一定的助益。

图书在版编目（CIP）数据

匠人营国——中国古代建筑史话 / 王贵祥著.—北京：
中国建筑工业出版社，2013.10
（中国建筑的魅力）
ISBN 978-7-112-15848-5

Ⅰ．①匠… Ⅱ．①王… Ⅲ．①古建筑－建筑史－
中国 Ⅳ．①TU－092.2

中国版本图书馆CIP数据核字(2013)第219462号

责任编辑：董苏华　张惠珍
　　　　　戚琳琳　孙立波
技术编辑：李建云　赵子宽
特约美术编辑：苗　洁
整体设计：北京锦绣东方图文设计有限公司
责任校对：姜小莲　关　健

中国建筑的魅力

匠人营国 —— 中国古代建筑史话

王贵祥　著

＊

中国建筑工业出版社出版、发行（北京西郊百万庄）
各地新华书店、建筑书店经销
北京锦绣东方图文设计有限公司制版
北京顺诚彩色印刷有限公司印刷

＊

开本：880×1230毫米　1/16　印张：15　字数：300千字
2015年2月第一版　2015年2月第一次印刷
定价：156.00元
ISBN 978-7-112-15848-5
(24620)